環境リスクへの
法的対応

―― 日仏の視線の交錯

吉田克己／マチルド・オートロー゠ブトネ編

Regards juridiques franco-japonais sur le traitement
du risque environnemental et sanitaire
sous la direction de
Katsumi YOSHIDA et Mathilde HAUTEREAU-BOUTONNET

成文堂

はしがき

　フランスのエクス・マルセイユ大学に付置されている国際欧州教育研究センター（CERIC）と早稲田大学の比較法研究所は、この間、環境法に関する比較法研究の協力態勢を構築し、さまざまな企画に取り組んでいる。数回に亘る国際シンポジウムの開催（これらはいずれも日本において行われている）、フランスの問題状況に関するフランス人研究者の日本における講演・報告、日本の問題状況に関する日本人研究者のフランスにおける講演・報告などである。

　そのような継続的な共同研究活動の一環として、2015年3月15日に、早稲田大学において、上記の2つの機関が主催団体となって、「環境保健リスクへの対応に関する日仏比較法研究」と題する国際シンポジウムが開催された。本書は、この国際シンポジウムにおける報告を基にした論文を一書にまとめたものである。同様の枠組みにおいて2013年5月25日と26日に開催された「環境と契約」をテーマとする日仏国際シンポジウムについては、その成果が吉田克己＝マチルド・ブトネ編『環境と契約──日仏の視線の交錯』（成文堂、2014年）としてすでに公刊されている。したがって、本書は、環境法に関するこの間の一連の日仏共同研究活動の成果を日本で公刊する第二弾ということになる。

　この国際シンポジウムにフランス側から報告者・議長等として参加したのは、マチルド・オートロー＝ブトネ（エクス・マルセイユ大学）、ロラン・ネイレ（ヴェルサイユ＝サンカンタン・アン・イヴリンヌ大学）、エヴ・トルイエ＝マランゴ（エクス・マルセイユ大学）、マリー・ラムルゥ（エクス・マルセイユ大学）、サンドリーヌ・マルジャン＝デュボワ（エクス・マルセイユ大学）の5名であった。エクス・マルセイユ大学が中心的役割を果たしていることは当然であるが、さらに国立の研究機関である国立科学研究センター（CNRS）所属の研究者が大きな役割を果たしていることを指摘しておきたい。トルイエ＝マランゴとマルジャン＝デュボワの両教授は、お二人とも、

CNRSの研究者としてエクス・マルセイユ大学国際欧州教育研究センターに所属している。また、本シンポジウムの開催にあたって文字通りの中心的役割を果たしたオートロー＝ブトネ教授は、CNRSによってエクス・マルセイユ大学に設置されたCERICの環境法講座の責任者である。法学者を中心としつつそれに限定されない学際的なチームであり、環境法の特質がこのような点にも現れている感がある。

これに対して、日本側からは、すべて大学における法学研究者であるが、報告者・議長等として、吉田克己（早稲田大学）、淡路剛久（立教大学）、大塚直（早稲田大学）、中原太郎（東北大学）、高村ゆかり（名古屋大学）、大坂恵里（東洋大学）の6名が参加した。また、フランス側報告者のテクストの翻訳には、上記の吉田、中原のほか、大澤逸平（専修大学）および小野寺倫子（秋田大学）が参加した。本書にはさらに、本シンポジウムと関連するテーマでの補論執筆という形で、上記の小野寺が参加している。

本書が扱う主題は、大きく3つに分かれる。ここで、その主題毎に内容を概観しておきたい。

第1部は、「科学的不確実性の法的取扱い」を対象とする。科学的には不確実であっても、生命身体等の法益に深刻で不可逆の損害が発生するリスクがある場合に、立法や行政上の措置を講じることができるであろうか。また、民事裁判において、差止めや損害賠償を認めることができるであろうか。第1部が扱うのは、このような問題である。そこで大きな役割を果たすのは、予防原則（le principe de précaution）である。この原則は、未然防止原則（le principe de prévention）を超えたところで機能する法と政策にかかわる新たな原則である＊。

＊予防原則とは、科学的に不確実なリスクに対してであっても、予防的な対応を求める原則である。未然防止原則が「存在するリスク」を念頭に置くのに対して、予防原則は、「存在しうるにすぎないリスク」への対処を求める。この意味で、両者の間には根本的な発想の転換がある。児矢野マリ「環境リスク問題への国際的対応」長谷部恭男編『リスク学入門3――法律からみたリスク』（岩波書店、1997年）101頁参照。

まず、トルイエ＝マランゴ論文は、EU法における不確実なリスクの取り

扱いを分析する。そこでは、遺伝子組換え生物が人間の保健衛生や環境に対して有しうるリスクのゆえに EU 指令の対象になっていること、狂牛病事件等に対して欧州裁判所が予防原則を適用していること、純粋な環境問題への予防原則の適用例は少ないが、それでも一定数の例が見出されること、などが指摘される。ところで予防原則は、自由な商品流通に対する制約原理として機能する。そこで、その適用要件は、厳格に定める必要がある。そのための諸要素としてトルイエ＝マランゴ論文が指摘するのは、徹底的な科学的リスク評価の実施（その際に、独立性を確保された専門家集団の協力が重視される）、科学的見解を排斥しようとする場合における理由づけの必要性、比例原則の遵守などである。そこでは、比例原則によれば、予防措置は、より詳細な科学的データの獲得を待ちつつ暫定的に講じられるものであるという注目すべき指摘もなされている。トルイエ＝マランゴ論文はさらに、予防原則によって各種の決定手続に一定の修正が施されるべきことを指摘する。科学の役割の強化とそれに伴って決定手続への専門家の関与が一般化すること、訴訟における証明責任が転換すること、判事のコントロールが強化・拡大することなどである。

　大塚論文は、日本の問題状況を中心としつつ、民事訴訟における科学的不確実性の取扱いを検討対象とする。同論文は、国の規制・公表等が問題となった水俣病関西訴訟判決や私人の行為が問題となった大飯原発差止訴訟判決など、科学的不確実性を扱う多くの裁判例を紹介するとともに、それらの裁判例の傾向を析出している。傾向として指摘されているのは、「予防的科学訴訟」と呼ぶべき新たな類型の訴訟が登場し、廃棄物処分場や原発の差止めに関して特色ある判断方式を示していること、他方、携帯電話中継アンテナの電磁波を問題とする差止め訴訟においては、日本の裁判例は、科学的に不確実なリスクの差止めに対して冷淡であること、損害賠償については、科学的不確実性のために原因物質が特定できない場合でも、過失を認定する裁判例がいくつか出されていること、などである。その上で、大塚論文は、科学的不確実性に伴う諸論点として、①不安感、危惧感の法的位置づけ、②具体的危険とは何か、③予防的科学差止訴訟における具体的危険性の証明の方式、④相当程度の可能性に基づく部分的賠償の可能性という 4 点を取り上げ

ている。これらは、予防原則と民事訴訟という問題を考える場合の不可欠の論点であり、すぐれて現代的意義を持った検討と言えるであろう。

第2部は、「原子力被害の取扱いに関する比較検討」を課題とする。日本においては、福島原発事故を受けて、この問題が、ADRと訴訟において、現実の課題となっている。そのような状況を前提としたこの問題に関する広く深い理論的検討が喫緊の課題となっていることは、改めて言うまでもない。フランスにおいては、福島原発事故に対応する事故は存在しない。しかし、それでも、この課題に関する立法の展開が見られ、その制度論的評価や損害賠償の具体的あり方に関する議論が蓄積されている。

ラムルゥ論文は、このようなフランスにおける問題状況の分析を課題とするものであった*。そこでは、まず、フランスの原子力損害に関する民事責任法の特徴が、客観責任であること(フォートに基づかない責任である)、集中責任であること(原子力施設の運営者のみが責任を負う)、制限責任であること(施設運営者の責任には上限がある)の3点に求められる。その上で、近時の動向の1つとして、賠償の対象となる原子力被害の拡大が指摘される。この点で重要な意味を持つのは、現在の制度の基礎を提供するパリ条約(1960年)とブリュッセル補足条約(1963年)を対象とする2004年議定書(未発効)である。これによって、従来やや問題があった純粋環境損害や純粋経済損害についても、その賠償が認められることになるのである。ラムルゥ論文はさらに、原子力被害の賠償実現への障害について検討する。そこでまず批判されるのは、現行制度における制限責任の考え方である。さらに、現行制度の技術的限界として、とりわけ遅発的な身体的損害に関する損害賠償請求権の行使期間(時効)の問題と、放射線被曝と身体的損害との因果関係立証の困難性という問題が指摘される。

＊フランスを含んだEUレベルの原子力損害賠償責任に関する近時の分析として、ジョナス・クネッチュ(馬場圭太訳)「ヨーロッパにおける原子力損害賠償責任——統一か混乱か」(法律時報88巻10号、2016年)58頁以下がある。

中原論文は、このラムルゥ論文で示されたフランスの問題状況との比較を意識しつつ、日本の問題状況を概観するものである。まず取り上げられるの

は、原子力損害賠償の制度的側面である。そこでは、欧米諸国の賠償システムは、実質は原子力リスクを社会的リスクと捉えその分散を図る集団補償のシステムである、すなわち「集団アプローチ」であるとの特徴づけがなされる。具体的には、欧米諸国のシステムにおいては、原子力事業者の責任限度額が定められ、しかもその少なくない部分が責任保険によって賄われ、それでも足りない部分については公的補償がなされる。これに対して、日本のシステムにおいては、原子力事業者の責任が損害塡補の中核とされる。すなわち、「責任アプローチ」である。そのような性格は、福島原発事故について原子力損害賠償支援機構法によって補完がなされた後も変わりがない。中原論文は次に、原子力損害賠償の実体的側面を検討する。そこでは、福島原発事故について具体化されつつある原子力損害賠償の内容の概観が行われるとともに、ラムルゥ論文も関心を寄せていた遅発的な身体的損害に関する諸問題に関する検討が行われる。福島原発事故に関する時効特例法などに見られる損害賠償請求権の行使期間の問題、また事実的因果関係立証の困難性のどのように対処するかという問題などである。その中で、遅発性の身体的損害を対象とする補償基金の創設などの注目すべき提言もなされている。

　第3部は、「気候変動リスク」を検討対象とする。ここで取り上げられる法領域は、国際法と民事責任法である。

　気候変動リスクに対する国際法の対応は、大きくは2つに整理することができる。1つは、温室効果ガスの排出削減と吸収の対策を行う「緩和」のための諸措置である。再生可能エネルギーなどの低炭素エネルギーの活用や省エネの取組み、植物による二酸化炭素の吸収源対策などがこれに入る。もう1つは、「適応」のための諸措置である。これは、気候変動がすでに起こりつつあることを前提として、自然・人間システムを調整することによって、その被害を軽減または防止し、あるいはその便益の機会を活用することである。具体的には、沿岸防護のための堤防や防波堤の構築、水資源の効率的な利用や、農作物の高温障害への対応として高温に強い品種への転換などを挙げることができる。「適応」に関してはさらに、適応の限界を超えた気候変動に由来する「損失と損害」に対してどのように取り組んでいくかも問題になっている。本シンポジウムにおいては、国際法の展開を素材として、「緩

和」をマルジャン＝デュボワ報告が、「適応」を高村ゆかり報告が扱った。しかし、高村論文は、最後まで入手することができず、本書には、マルジャン＝デュボワ論文しか収録することができなかった。

マルジャン＝デュボワ論文は、「緩和」に関して、まずパリ協定以前の国際法の枠組みを確認する。それは二重構造を示すものである。一方には、京都議定書（1997年）の枠組みがある。それは、温室効果ガスの排出削減に関して、明確な量的義務を定めた。しかし、その反面として、その締約国が少ないという限界を抱え込むことになった（アメリカ合衆国は批准しなかった。カナダが中途で脱落した）。また、先進国のみを対象とし、中国などの排出大国が途上国とされ規制対象外に置かれるという限界もあった。そこで、京都議定書とは別の枠組みとして作られたのが、国連気候変動枠組条約（1992年）に基づくコペンハーゲン合意とカンクン合意である。これによって途上国を含む多数の国が2020年を展望した排出量削減目標を誓約した。しかし、その内容は微温的であり、実施についても制裁措置を欠くものであった。これらに対して、2015年のパリ協定は、新しい国際法の枠組みを創出する。パリ協定は、2020年以降の気候変動対策を約するものであるが、京都議定書と同様の法的拘束力を持ち、かつ、アメリカ合衆国や途上国を含む多数の国が参加するという画期的なものである。目標も、平均気温上昇を2度以下に抑える（さらに1.5度という数値も言及される）という大胆なものであった。マルジャン＝デュボワ論文は、これらを評価しつつ、いまだ不十分な各締約国の貢献目標を今後引き上げていくことの重要性を強調している。現時点の数値では、各国の貢献目標を積み上げても、2度以下という目標に届きそうもないからである。

民事責任法については、ネイレ論文と大坂論文が扱う。まず、ネイレ論文は、「気候責任の承認」を主題として取り上げる。気候変動リスクへの対処を司法の場に求める動向が世界各国で見出される。そのような「気候保護の司法化」の背景には、「気候責任」と呼ぶべき新たな責任の台頭がある。ネイレ論文は、このような認識に立ちつつ、気候責任承認への障害とその展望を検討するものである。障害として指摘されるのは、因果関係の立証が困難であること、責任負担者が多様かつ多数であること、そして権力分立原則へ

の侵害の危険があることである。最後の点は、合法とされている活動から生じる温室効果ガスについて、気候変動リスクがあるという理由でその削減を命じるというのは、立法権・行政権を侵害するのではないかという危惧を意味する。このような障害が存在するとはいえ、しかしながら、気候責任の承認への展望はある。ネイレ論文は、その要素として、国際的責任、行政責任、民事責任および刑事責任という4つの責任の拡張を挙げる。民事責任についてだけ見ておくと、労働事故や交通事故と同様に、気候にかかわる被害が民事責任法変容の契機となることは可能だというのが、ネイレ論文の見立てである。その場合の責任は、本質的に集団的責任ということになり、排出割合に応じた責任を各事業者が負担すべきことになる。ネイレ論文は、このように「気候責任」の承認について、ある程度楽観的な展望を語っている。

　これに対して、「気候変動の法的責任」に関する日本の現状と課題を論じる大坂論文が示す展望は、それほど明るくはない。大坂論文は、まず、日本における気候変動の緩和と適応に関する諸措置の現状を概観する。実効性ある取組みが十分にはなされていないというのが結論的評価である。それでは、気候変動によって損失と損害を受ける者は、司法的救済を受けることが可能であろうか。大坂論文は、日本、アメリカおよびオランダの具体例を取り上げて、この問題を検討する。日本からはシロクマ公害調停・裁判の例が取り上げられる。「気候享受権」を法的根拠として電力会社11社に対する二酸化炭素排出量の1990年比で29％以上の削減を求めるこの申請は、結局却下された。アメリカの経験からは、行政に対する気候変動対策促進訴訟と気候変動ニューサンス訴訟からいくつかの例が取り上げられる。傾向としては、司法的救済は厳しい状況にある。しかし、そのような中で、電力会社に対する二酸化炭素排出量削減を認める控訴裁判所判決も見出すことができる。オランダについては、国に現行目標以上の削減目標の設定を命じた画期的判決であるUrgenda事件判決が紹介されている（なお、この判決は、マルジャン＝デュボワ論文、ネイレ論文でも取り上げられている）。全体としては、とりわけ日本について司法的救済の見込みは薄く、それを踏まえると、公的支援と保険による対応が考えられるというのが大坂論文の示す見通しである。

　以上のほか、今回の日仏国際シンポジウムのテーマと関連して、本書に

は、補論として、環境リスク・環境損害と保険に関する小野寺論文を収録している。小野寺論文は、まず、問題の前提的事項の確認と検討を行う。たとえば、保険契約の本質をなす「偶然」概念について、事故に起因する突発的な環境リスクについては特別の問題はないが、突発性を有しない漸進的な環境リスクについては困難な問題が生じることが指摘されている。小野寺論文は、次に、保険の活用がすでに始まっているフランスの経験を紹介する。再保険事業者である Assurpol の環境リスク保険、直接に企業に提供される AXA による環境リスク保険などである。また、学者グループによる環境に関する損害賠償項目の一覧表化作業が紹介され、それが環境損害責任の内容の明確化に一定の意義を有し、保険制度の発展に一定の寄与をもたらすとの評価がなされる。ただし、ある論者の認識によれば、環境損害と保険に関する核心的な問題は、行政警察上の環境責任と民事法上の環境責任との併存・競合という問題にどのように対処するか、また、民事責任に基づく損害賠償の使途をどのようにコントロールするかという点にあり、上記の作業が課題解決にとって決定的な意義を持つわけではない。ともあれ、小野寺論文の評価によれば、制裁的機能という観点から見れば問題はあっても、保険の意義は大きく、日本においても問題の検討を進めるべきである。

　産業社会化と経済成長の副作用として生じてくる各種リスクへの対処は、現代社会が直面する大きな課題である。ドイツの社会学者ウルリヒ・ベックが《リスク社会》概念を提示し大きな反響を呼んだのも（Ulrich Beck, Riskogeselleshaft, Auf dem Weg in eine andere Moderne, Suhrkamp, 1986. 訳書として、東廉・伊藤美登里訳『危険社会――新しい近代への道』〔法政大学出版局、1998年〕がある）、そのような現実を反映するものである。日本においても、リスク社会論は大きな関心の対象になっている（代表的な研究として、橘木俊詔・長谷部恭男・今田高俊・益永茂樹編『リスク学入門』〔全5巻〕〔岩波書店、2007年、新装増補版2013年〕を挙げておく）。環境リスクは、そのようなリスクの中でも最重要の意義を持つ。それは、国境を超え、世代を超え、人類の存亡にかかわるからである。本書は、このような環境リスクに正面から取り組み、環境リスクに対する法的対応のあり方を探ろうとする試みである。

しかし、リスクに対する法的アプローチは簡単ではない。近代法が備えている各種の法概念がそのままの形では役に立たないからである。法は、リスクという新たな現実に適合して自らを更新し、その新たなあり方を創出していく必要がある。本書の「結語」において、オートロー＝ブトネ教授が「法は、……事実に自らを適合させていくよう要請されている」、「手続的にも実体的にも、さまざまな法制度およびその適用条件を改善していくことが必要である」と述べているのは、まさにこの点を指摘するものである。

　環境リスクの領域において新たな現実を端的に表現するのは、科学的不確実性への対処の要請である。そして、この現実を法の側から受け止める新たな理念が、先にも触れた予防原則に他ならない。本書で扱った3つの問題領域のそれぞれにおいて、日本とフランスに共通して、環境リスクに対応するための多様な法制度の発展を見出すことができる。その多様性の根底には、多かれ少なかれ予防原則という共通の考え方を見出すことができる。本書は、その意味では、予防原則に関する比較法研究の書と位置づけることができる。予防原則に関しては、たしかに日本においてすでに少なくない研究が存在する。とはいえ、その本格的研究は、なお今後の課題に属する。本書が、この問題に関する研究の深化にとって、比較法という観点から一定の寄与をなしうることを願っている。

　科学的不確実性への対処の要請はまた、法における各種のアクターの役割を再構成することを促す。オートロー＝ブトネ教授の「結語」が指摘するように、そこで重要視されるのは、科学的専門家集団である。科学的専門家の判断を抜きにしては、環境リスクの具体的現れを測定し、このリスクが現実化する場合の因果関係を判断することはできない。その点を踏まえつつ、立法・行政・司法の今後のあり方を構想する必要があろう。他方で、科学的専門家の判断を絶対視することは一定の危険を孕む。それに関する適切なコントロールの仕組みを構想することもまた、今後の重要な課題になるというべきである。また、本書では十分に扱うことができていないが、リスクという新しい現象に直面して、立法・行政・司法相互間の役割分担のあり方を再検討することも、当然に問題になる。現代法においては、法形成と法執行における各種アクターの役割分担のあり方が重要な論点になるのである。本書

が、そのような研究の進展にとっても、ひとつの素材を提供することができていれば幸いである。

　今回の日仏国際シンポジウムの企画立案から具体的オーガナイズまで、一貫して主導的役割を果たしたのは、オートロー＝ブトネ教授である。今回の企画を含めて、教授の主導の下での環境法に関する日仏比較法研究の進展にはめざましいものがある。環境法に関する日仏比較法研究の今後のさらなる発展を期待するとともに、本書がそのためのひとつの礎石となることを願っている。

　今回の国際シンポジウムの準備に際しては、前回の「環境と契約」シンポジウムと同様に、山城一真（早稲田大学）と鈴木尊明（同志社女子大学）の両氏に事務局を担当していただいた。また、本書の出版に当たっては、成文堂の飯村晃弘氏に多大なご支援を賜った。それなしでは、出版事情の厳しい中、本書を出版することはできなかったであろう。これらの方々にも、心から感謝の意を表したい。

2016年 8 月20日
吉 田 克 己

目　次

はしがき　　　　　　　　　　　　　　　吉田克己　　*i*

企画趣旨説明　　　　　　　マチルド・オートロー＝ブトネ　　*1*
　　　　　　　　　　　　　　　（訳：吉田克己）

第1部　科学的不確実性の法的取扱いに関する比較研究

1　法における科学的不確実性の扱いに関する多角的検討
　　――EU法における不確実なリスクの扱い
　　　　　　　　　　　　　エヴ・トルイエ＝マランゴ　　*9*
　　　　　　　　　　　　　　　（訳：中原太郎）
　　Ⅰ　条文において ……………………………………………… *11*
　　Ⅱ　判例において ……………………………………………… *13*
　　　　A　予防原則の訴訟上の適用 ……………………………… *13*
　　　　B　判例の寄与 ……………………………………………… *15*
　　Ⅲ　制度・手続において ……………………………………… *23*
　　　　A　科学的手法の強化 ……………………………………… *23*
　　　　B　証明責任の転換？ ……………………………………… *24*
　　　　C　判事が行うコントロール …………………………… *26*

2　民事訴訟における科学的不確実性の扱い　　大塚　直　　*29*
　　Ⅰ　序――科学的不確実性に関連する訴訟 ………………… *29*
　　Ⅱ　科学的不確実性の考慮を問題とした裁判例 …………… *32*
　　　　1　国の規制、公表等が問題となった事件 …………… *32*
　　　　2　私人の行為が問題となった事件 …………………… *34*

Ⅲ　わが国における科学的不確実性に関わる裁判例、学説の傾向 ……… 39
　Ⅳ　科学的不確実性に伴う諸論点 ………………………………………… 42
　　1　不安感、危惧感の法的位置づけ ………………………………… 43
　　2　具体的危険性とは何か …………………………………………… 45
　　3　予防的科学差止訴訟における具体的危険性の証明の方式 …… 49
　　4　相当程度の可能性に基づく部分的賠償の可能性 ……………… 50
　Ⅴ　科学的不確実性の取り扱いに関する日仏比較 …………………… 52

第2部　原子力被害の取扱いに関する比較検討

3　フランスにおける原子力事故被害の取扱い
マリー・ラムルゥ　55
（訳：大澤逸平）

　Ⅰ　賠償の対象となる原子力被害の拡大 ………………………………… 59
　　A）現行法：原子力被害の定義の欠落 ……………………………… 59
　　B）将来の法：賠償の対象となる原子力被害の類型化 …………… 62
　Ⅱ　原子力被害の賠償実現への障害 ……………………………………… 65
　　A）賠償の上限と保険による保障範囲の限界 ……………………… 66
　　B）時間上及び証明上の限界 ………………………………………… 68

4　福島原発事故により生じた損害の扱い　　　　　　中原太郎　73
　はじめに ………………………………………………………………………… 73
　Ⅰ　原子力損害賠償の制度的側面 ………………………………………… 74
　　A　原子力損害の填補のシステム …………………………………… 74
　　B　原子力損害賠償の手続的実現 …………………………………… 78
　Ⅱ　原子力損害賠償の実体的側面 ………………………………………… 80
　　A　原子力損害賠償の内容 …………………………………………… 80
　　B　遅発的な身体的損害への対応 …………………………………… 84
　おわりに ………………………………………………………………………… 87

第3部　気候変動リスク取扱いに関する比較検討

5　国際法における気候変動リスクの緩和
　　　　　　　　　　　　　サンドリーヌ・マルジャン＝デュボワ　91
　　　　　　　　　　　　　　　　　　（訳：吉田克己）
- I　リスクの識別と認識 …………………………………………………… 95
- II　受容しうるリスク：1.5度の目標または2度の目標？ …………… 99
- III　2020年以降の枠組み：パリ協定の採択の後に
  どのような展望が描かれるか？ ………………………………………… 106

6　気候責任の承認　　　　　　　　　　　　　ロラン・ネイレ　111
　　　　　　　　　　　　　　　　　　（訳：小野寺倫子）
- I　気候責任の承認への障害 ……………………………………………… 114
- II　気候責任の承認への展望 ……………………………………………… 116
- 補論　気候の救助への権利［droit au secours du climat］のための提案
  …………………………………………………………………………… 122

7　気候変動の法的責任――日本の現状と課題　　大坂恵里　125
- I　はじめに ………………………………………………………………… 125
- II　日本における気候変動の緩和と適応の現状 ……………………… 126
  - 1　気候変動の緩和の取組み ………………………………………… 126
  - 2　気候変動への適応の取組み ……………………………………… 128
- III　気候変動の法的責任 …………………………………………………… 129
  - 1　問題提起 …………………………………………………………… 129
  - 2　日本――シロクマ公害調停・裁判 ……………………………… 129
  - 3　アメリカ …………………………………………………………… 131
  - 4　オランダ―― Urgenda Foundation v. Kingdom of the Netherlands …… 139
- IV　若干の考察 ……………………………………………………………… 143
  - 1　気候変動訴訟の限界 ……………………………………………… 143

2　不法行為制度以外による損失と損害への対応 …………………… 144
　Ⅴ　結びに代えて ……………………………………………………………… 146

結語　環境保健リスクへの対応に関する日仏の視点
　　　　　　　　　　　　　　マチルド・オートロー＝ブトネ　147
　　　　　　　　　　　　　　　　（訳：吉田克己）
　　1　リスクの広がりに直面した法の対応 ……………………………… 148
　　2　リスクの不確実性に直面した法の対応 …………………………… 149

補論　環境リスク、環境損害と保険　　　　　　　小野寺倫子　153
　はじめに …………………………………………………………………………… 153
　　1　課題の設定 …………………………………………………………… 153
　　2　叙述の順序 …………………………………………………………… 156
　Ⅰ　環境リスクと保険——検討の前提 ……………………………………… 157
　　1　リスク管理の手法としての保険 …………………………………… 157
　　2　環境リスクの領域における保険の特殊性 ………………………… 159
　Ⅱ　環境損害の回復／賠償と保険——フランスにおける試み ………… 163
　　1　環境損害とフランスにおける環境リスク保険 …………………… 164
　　2　環境に関する賠償項目の一覧表化の保険への影響 ……………… 169
　おわりに …………………………………………………………………………… 173

企画趣旨説明

マチルド・オートロー＝ブトネ
訳：吉田克己

ご参加の皆様

　今回の研究集会の開始に当たりまして、まずもって早稲田大学法学部に対して、今回の共同研究の企画を受け入れていただいたことに感謝の意を表したいと思います。とりわけ、吉田克己教授には、「環境保健リスクへの対応に関する日仏比較法研究」をテーマとする今回の研究集会のオーガナイズを共同で担当していただきました。

　私たちは、テーマの重要性ゆえに本日ここに集っているわけですが、本日の研究集会は、それを超えて、エクス・マルセイユ大学およびその研究組織である国際欧州教育研究センター（CERIC）と早稲田大学比較法研究所との、現在では定期的なものとなっている共同研究の成果を示すものでもあります。同研究所所長の菊池馨実教授には、ご協力への感謝を申し上げたいと思います。

　すでに2年近く前になりますが、私たちは、まさにこの場所（早稲田大学早稲田キャンパス8号館3階大会議室――訳者注）に集まって、環境と契約をテーマとする2日間にわたる研究集会を持ちました。私は、この研究プロジェクトを主宰することができたわけですが、それを大変光栄に思っております。このプロジェクトは、フランス司法省研究部局からの支援を得て実施されたものであることも、ここで申し上げておきたいと思います。早稲田大学比較法研究所にこの企画を受け入れていただいたおかげで、私たちは、主題

の比較法的諸側面を深めることができました。この作業の成果として、吉田克己先生と私とが共編者となって、早稲田大学比較法研究叢書の第42号として『環境と契約――日仏の視線の交錯』（成文堂、2014年）が公刊されています。成果の第2弾の公刊準備も進んでおり、ブルイヤン社から本年（2015年）の4月には公刊される予定です。同書は、比較環境法と契約に関するより一般的な書物となる予定です＊。

＊その後、Mathilde Hautereau-Boutonnet (sous la direction de), Le contrat et l'environnement, Étude de droit comparé, Bruylant, août 2015が公刊された。（訳者）

2013年5月に早稲田大学にお邪魔した際に、私たちは、早稲田大学との協力関係の継続を可能にするための取組みを開始し、フランスの全国的研究機関である国立科学研究センター（CNRS）に対して、国際協力への財政的支援を申請いたしました。

この申請が採択されたことによって、吉田克己教授および大塚直教授を昨年（2014年）11月にエクス・マルセイユ大学にお呼びすることが可能になりました。両教授は、比較環境法週間という企画に積極的に参加してくださいました。吉田教授には日本法における違法行為の差止めに関するご講演を、大塚教授には福島の原発事故および日本法における予防原則に関するご講演をしていただいたのです。これらの講演内容もまた、RJE（revue juridique de l'environnement『環境法研究』）という環境法に関する専門誌および予防原則に関するより一般的な報告書に収録されて公表される予定です＊。

＊それぞれ講演要旨が、Revue juridique de l'environnement, No.2 2015, juin 2015に収録された。（訳者）

本日の研究集会のおかげで、日仏の研究者が集うことが可能になりましたが、それは、以上のような素晴らしい協力関係の延長線上にあるわけです。私は、それを大変嬉しく思っております。

今回のフランス・チームについて申し上げますと、私は、幸いにも、きわめて優れた研究者および大学教授とチームを組むことができました。報告を担当する4名は、いずれも今回のテーマに関する専門家です。サンドリーヌ・マルジャン＝デュボワ先生は、国際法とりわけ気候変動に関する国際法の専門家です。マリー・ラムルゥ先生は、民法とエネルギー法の専門家で

す。エヴ・トルイエ゠マランゴ先生は、欧州法の専門家で、とりわけ科学的不確実性に伴う法関係を専門としています。ロラン・ネイレ先生は、民法の専門家で、とりわけ保健法と環境法を専門としています。

　本日この場で、環境法の優れた専門家である日本の先生方と再会することができたこともまた、私の喜びとするところです。大塚直教授、中原太郎教授、髙村ゆかり教授、大坂恵里教授、そして、改めていうまでもありませんが、吉田教授と淡路教授です。

　本日の研究集会のために選択された主題は、日本法およびフランス法における保健リスクおよび環境リスクの取扱いです。問題のあり方は広範です。それはまた、不幸なことに、常に変わらぬ大きな現実的意義を持っています。

　保健リスクおよび環境リスクは、たしかに常に存在していました。しかし、今日においては、それは複雑さを増しています。集団的性格を帯びてきているという点もあります。さらに、これらのリスクが科学的不確実性およびグローバリゼーションにさらされる度合いも増してきています。自然に関わり、技術、産業、原子力に関わるこれらのリスクを通じて、私たちは、法と科学を突き合わせるという課題に直面することになります。

　広義の法がこれらの状況において与えるべき回答は、どのようなものになるのでしょうか。ここでは、国内民法とともに、国際法・EU法が問題になります。膨大な範囲にわたるリスクが存在するわけですが、それらは、とりわけ公衆衛生および環境の領域においては、その存在および発現に関する科学的不確実性に直面せざるをえません。これらのリスクを、どのように管理すればよいのでしょうか。

　お分かりになりますように、これらの諸問題を提示することによって要請されるのは、国内法、EU法そして国際法を通じて、私的アクターおよび国家自身のような公的アクターの責任に関する諸制度を日仏両国において詳細に観察することです。今回の研究集会においては、責任という観念それ自体の検討、さらに、その要件、発生原因、損害および因果関係に関する検討に多くの時間が充てられています。

　今回のプログラム構成を見ていただきますと、一定の方法論が選択されて

いることをお分かりいただけると思います。つまり、議論が散漫になることを避け、課題の範囲を具体的に画するために、2つのアプローチを優先するという方向が採用されているのです。

　ひとつは、一般的アプローチで、それによって、法と科学的不確実性との関係についての立ち入った検討が可能になります。エヴ・トルイエ＝マランゴ先生と大塚直先生が、この領域における高度な困難性に対して、日本法およびEU法がどのように立ち向かうかを詳しく検討することになります。

　もうひとつは、各論的性格を強めたアプローチで、そこでは、一般的アプローチに続く次の段階として、具体性を高めた検討が要請されます。その作業は、保健・環境における個々の具体的リスクと被害のプリズムを通して行われることになりましょう。それらのリスクは、今日では、保健・環境リスクの重要性と複雑性とを明らかにするものになっているのです。最初に、マリー・ラムルゥ先生と中原太郎先生が、フランス法と日本法が原子力損害をどのように扱うかを立ち入って検討します。いずれにおいても、福島原発事故という具体的経験が私たちの注意を惹くことは疑う余地がありません。国内法と国際法との間の規範的関係の重要性もまた、私たちの注意を喚起することになりましょう。続いて、私たちの研究集会は、フランスおよび世界規模で準備が進む国連気候変動枠組条約締約国パリ会議（COP21）の開催とともに、かつてないほどの現代的意義を持つようになっているテーマを取り上げます。気候変動リスクです。高村ゆかり先生とサンドリーヌ・マルジャン＝デュボワ先生が、この課題に対して国際法からどのように回答すべきかを詳細に考察します。これに対して、ロラン・ネイレ先生と大坂恵里先生は、いまだ十分には検討されていない主題である責任の問題とりわけ民事責任の問題を取り上げて立ち入った検討を行います。私たちの研究集会は、このテーマの議論によって終了することになります。

　本日の研究集会は、間違いなく多くの問題提起と議論の場になるでしょう。それらは、後日、フランスで公刊される予定であることを付言しておきます。

　ご挨拶を終えるに当たりまして、私は、今回の日本チームが膨大な翻訳作業を遂行してくださったことに対して、心からの感謝の意を表したいと思い

ます。残念なことに、私どもフランス・チームには、日本側のテクストをフランス語に翻訳する能力がないのです。

　それでは、午前中の議長の労をとってくださる淡路先生とネイレ先生に、バトンタッチをしたいと思います。

　充実した1日になりますように。

第1部　科学的不確実性の法的取扱いに関する比較研究

1　法における科学的不確実性の扱いに関する多角的検討
—— EU 法における不確実なリスクの扱い

エヴ・トルイエ＝マランゴ
訳：中原太郎

Ⅰ　条文において
Ⅱ　判例において
　A　予防原則の訴訟上の適用
　B　判例の寄与
Ⅲ　制度・手続において
　A　科学的手法の強化
　B　証明責任の転換？
　C　判事が行うコントロール

　マーストリヒト条約はその第174条（後の EU 機能条約第191条§2）で初めて、環境分野（保健衛生分野でないことに注意）における共同体の政策を基礎付ける原則の1つとして、未然防止原則及び汚染者負担原則と並んで、予防原則に言及した。しかし、条約はそれ以上踏み込まず、定義も説明も与えていない。
　欧州委員会は、当該問題に関する2000年2月2日のコミュニケーションペーパー[1]において、共同体がとるアプローチを明確にした。この文書は、

---
(1)　予防原則の援用に関する2000年2月2日の欧州委員会コミュニケーション（COM (2000) 1 final, Non publié au journal officiel）である。後に、共同体判事は、この文書は「法状態の集成」である、なぜならば、「欧州委員会は、これを公表することで、すべての利害当事者に対し、将来の実務における予防原則の適用のあり方だけでなく、この当時における予防原則の適用態様について知らしめることをも目的としていた」からである、と述べることになる（TPICE, 11 septembre 2002, *Pfizer Animal Health SA c. Conseil*, aff. T-13/99, *Rec.*, p.

予防原則の適用に関する共通指針をようやく提供するものであり、ホルモン剤投与により飼育されたアメリカ・カナダ産牛肉のヨーロッパでの輸入禁止に対する、WTO紛争解決機関による違反裁定を受けたものである。まず、欧州委員会は、予防原則は、環境に関する章でのみ言及されているとしても、人間・動植物の保健衛生にも適用可能な「一般的に適用される原則」であるとする。そして、WTO法において定立された規律と関連付けつつ、リスク評価を予防原則の適用に先行させることの必要性を強調し、ここでいうリスク評価にあたっては、危険の現実化可能性とその影響の重大性を導くに値する、信頼できる科学的データと論理的理由付けが必要であるとする。そのうえで、予防原則の適用要件を提示する。後に見るように、ここで示された諸要件は、欧州裁判所判例により明確化されていくことになる。

　欧州裁判所も同様に、予防原則の地位の承認・明確化に乗り出したが、それが法的シーンに公式に表れる以前からすでに、当該原則を適用していた。

　すなわち、欧州裁判所は、一定の製品へのビタミン添加を禁じる国内立法に関する紛争についての先決判決たる *Sandoz* 判決において、保健衛生への危険の存在が明確に証明されていなかったにもかかわらず、当該立法の有効性を認めた[2]。「思慮（prudence）」に依拠した判断であり、「予防（précaution）」の語が用いられるのは後になってからである。欧州裁判所は、その後の諸判決において、黙示に、すなわちその語を明示することなく、予防原則に依拠するようになる。欧州裁判所が真に予防原則を承認したのは、狂牛病[3]に関する紛争、つまり環境ではなく保健衛生の問題においてであった。欧州裁判所は、イギリス産牛肉に課された輸出禁止を解除しない旨の欧州委員会決定の有効性について、次のように判示した。すなわち、ウシ海綿状脳症（BSE）の人への感染リスクは未だ明らかでなかったとしても、「人の保健衛生へのリスクの存在又はその範囲に関する不確実性が残る場合には、これら

　　　II-03305, pt. 118, 137, 149)。
　（２）　CJCE, 14 juillet 1983, *Procédure pénale contre Sandoz BV*, C 174/82, Rec. p. 2445, voir pt 18-20.
　（３）　ウシ海綿状脳症（通称狂牛病）。ウシの脳・脊髄を害し、人への感染やクロイツフェルト・ヤコブ病という（人の）病気との関連性が合理的に危惧された。

のリスクの真実性及び重大性の完全な証明を待つことなく、共同体諸機関は保護措置を採りうることが、認められなければならない」とした（CJCE, 5 mai 1998, *National Farmers' Union*[4] et *Royaume-Uni c. Commission*[5]. このようなアプローチは条約上定められている予防原則に適合的であることが付言されている（*National Farmers' Union*, pt. 64））。

　予防原則は環境分野を超えて現に適用され、その範囲は、消費者政策、食品に関するヨーロッパ法規、人間・動植物の保健衛生にまで及ぶ。当該原則の適用は、条文（Ⅰ）や判例（Ⅱ）を通じてなされるが、それだけではない。予防原則は、重要な制度的・手続的展開を見るに至っている（Ⅲ）。

Ⅰ　条文において

　予防原則を適用し、又はその適用を要請する条文のうち、最も象徴的な諸例を挙げよう。ただし、予防原則があらゆる環境保護政策に適用可能とされる文脈では、派生法の条文において明示の言及がなくても、当該分野への予防原則の適用が排除されないことに注意しよう[6]。

遺伝子組換え生物　遺伝子組換え生物は、人間の保健衛生や環境に対して有しうるリスクゆえに、予防の考え方に基づく法的枠付けの対象となる[7]。共同体諸機関が定める法的文書のうち、指令第1990/220号は、予防原則に言及こそしないが、それを適用するものであった。このことは、*Greenpeace France* 事件において、欧州裁判所が強調するところである[8]。

（4）　CJCE, 5 mai 1998, *National Farmers' Union*, aff. C-157/96, *Rec.* p. 2211, point 63.

（5）　CJCE, 5 mai 1998, *Royaume-Uni c. Commission*, C-180/96, *Rec.* p. 2265, pt. 99. 注4に揚げたものも含め、以下の諸判決で踏襲された。TPI, 16 juillet 1998, *Bergaderm et Goupil/Commission*, T-199/96, *Rec.* p. 2805, point 66 ; *Pfizer Animal Health/Conseil*, point 139 ; *Alpharma/Conseil*, précité, point 152 ; *Artegodan e.a./Commission*, pt. 184-185.

（6）　同旨：Ordonnance du 11 avril 2003, *Solvay*, aff. T-392/02 R, *Rec.* p. II-1825, pt. 71-72, 80-81.

（7）　C. Noiville et N. de Sadeleer, Les organismes génétiquement modifiés (OGM) au regard du droit communautaire ; examen critique de la directive 2001/18/CE, *JTDE*, avril 2002, pp. 81-86.

グリーンピース及びその他の非営利団体が、フランスのコンセイユ・デタに対し、一定種の遺伝子組換えトウモロコシの種子の商業化を許可するアレテの取消しを求めた。コンセイユ・デタは、提示された論拠には理由があり、当該アレテの取消しが正当化されると考え、予防原則に明示的に言及して、原告に対し判決の延期を言い渡し、指令第1990/220号が定める仕組みの枠内で加盟国が有する措置の幅につき欧州裁判所に諮問した。原告たるアソシアシオンは、権限ある国内当局の関係権限についての指令の解釈は、同旨の欧州委員会の意見に従い、予防原則に基づくものであるべきだと主張した。

欧州裁判所は、以下のように、許可手続の全段階につき検討する。まず、第一段階において国内当局は、あらゆるリスク評価可能性を有する。企業は、製品が人間の保健衛生又は環境に対して有するリスクについての全情報を実際に提示しなければならない。欧州委員会への付託後は、共同体法により、他の権限ある国内当局への照会期間が定められる。欧州委員会は、権限ある国内当局の1つにより異議が発せられる場合にのみ、見解表明が求められる。ここでも、予防原則の尊重がこの共同体段階に見出されると考えられる。他の権限ある国内当局、及び、意見の不一致がある場合には付託された種々の小委員会（飼料に関する科学小委員会、食料に関する科学小委員会、農薬に関する科学小委員会）が、ありうべきリスクの評価権限を有する。加えて、当該企業は、手続のいかなる時点においても、すなわち国内段階でも共同体段階でも、直ちに、製品が人間の保健衛生及び環境に対して有するリスクの最善評価のための新たな資料を、権限ある国内当局に提示しなければならない。他方、市場流通許可後でも、権限ある国内当局はすべて、製品がリスクを有すると思料する正当な根拠を得た場合には、自身の管轄地域における当該製品の使用を制限・禁止することができ、そのことを欧州委員会に通知しなければならない。

最後に、欧州裁判所は、肯定意見とともに請求を移送する加盟国は、欧州委員会が肯定決定を行った後には、遺伝子組み換え生物の市場流通を許可する義務を負うことを言明して、共同体法において遺伝子組換え生物の放出に関し予防原則が考慮されるべきことを強調する分析を締めくくる。

遺伝子組換え生物の環境への意図的放出に関する指令第2001/18号[9]は、許可手続の不全に歯止めをかけるべくこの当初の条文を廃止しつつ、前文第

---

(8) CJCE, 21 mars 2000, *Greenpeace France*, aff. C-6/99, *Rec.* p. 1676, pt. 44.

(9) 1990年5月8日の指令第90/220号（*JOCE du* 8/05/1990, n° L 117）を廃止・代替する、

8項、第1条及び第4条で予防原則に明示的に言及する。当該指令は、許可手続に関し、予防原則の刻印を特に強める。事案に応じかつ段階的に進めるというリスク評価の原則に即してなされる手続は、以下の諸事項により特徴付けられる。
- 環境及び人間の保健衛生への重大かつ不可逆的なリスクが疑われる場合に、許可手続に関与する当局が請求を拒む可能性。
- リスク評価要請の強化。
- 許可期間の制限（最長10年）。
-「決定を修正し、必要な場合には許可を撤回する権利を留保することにより、決定の可逆性をよりよく確保する」ための、監視、追跡可能性及び新情報の扱いについての仕組み（第19条、第20条）。

II 判例において

共同体裁判所判例の分析により、予防原則の訴訟上の適用を概観し（A）、さらに、予防原則の適用範囲及び適用要件に関し判例がもたらした主要な事柄を列挙することができるだろう（B）。

A 予防原則の訴訟上の適用

環境に関する原則だが特に保健衛生の問題に適用される　予防原則はマーストリヒト条約により共同体の環境保護政策として刻まれたが、それが最も頻繁に適用されるのは保健衛生分野である。すでに言及した *Sandoz* 事件からは、欧州裁判所が条文化前から予防原則を適用していたことがうかがえるが、この事件、あるいはさらに狂牛病事件は、予防原則の適用範囲が条約の規定よりも広いことを物語る。狂牛病事件に関して下された諸判決の定式は、その後数度踏襲される。発癌性が疑われる化粧品の物質の許容最大濃度についての欧州委員会による制限に関する *Bergaderm* 事件[(10)]において、欧

　遺伝子組換え生物の環境への意図的放出に関する2001年3月12日の指令第2001/18号（*JOCE du 17 avril 2001, n° L 106*）である。

　(10)　TPI, 16 juillet 1998, *Bergaderm c. Commission*, T-199/96, *Rec.* 1998 II-2805. この判断

州第一審裁判所は、*National Farmers' Union* 判決を援用し、「消費者の保健衛生へのリスクの存在及びその範囲に関する不確実性が残る場合には、これらのリスクの真実性及び重大性の完全な証明を待つ必要なく、共同体諸機関は保護措置を採りうる」ことを強調する（TPI, 16 juillet 1998, *Bergaderm c. Commission*, pt. 66-67）。同様に、*Alpharma* 事件（affaire nº T-70/99 R）[11] に関する1999年6月30日の命令において、欧州第一審裁判所裁判長は、従来の立場を確認し、「公衆保健衛生の保護に関する要請には、議論の余地なく、経済的考慮に対する優越性が認められなければならない」ことを再確認する（Ordonnance du 30 juin 1999, *Alpharma c. Conseil*, § 152）。

純粋な環境の問題への適用例は数少ない　自然保護の分野がいくつかの例を提供する。欧州裁判所は、*Mondiet* 事件において、リスクに関する科学的見解が区々であり決定的でなかったにもかかわらず水産資源の保護及び合理的利用を確保するためになされた、共同体レベルでの漂流シャックル網の利用制限の有効性について判断を迫られ、「そのような見解が存在しないこと又は決定的でないことは、共通の漁業政策目的を実現するのに不可欠であると欧州理事会が考えるところの措置を採ることを妨げえない」ことを強調する[12]。硝酸塩排出と海面富栄養化の関係についても、同様の判断がなされる[13]。さらに、いわゆるワッデン海事件において、「生息地」指令に関するオランダ裁判所から付託された先決問題についての欧州裁判所の理由付けの中心に位置付けられたのは、予防原則であった。当該事案では、どの時点において影響調査を始め、用地への「有意な影響」を伴うリスクについて判断するかが問題となった。欧州裁判所は、次のように判示する。「予防原則は、条約第174条§2第1項に基づき環境分野で共同体が追求する高レベルの保

は、CJCE, 4 juillet 2000, *Laboratoires pharmaceutiques Bergaderm SA et Jean-Jacques Goupil contre Commission des Communautés européennes*, aff. C-352/98, *Rec.* 2000, p. 5291, § 54 で是認されたが、欧州裁判所は、当該事例では予防原則は「余分な理由付け」であるとして援用しなかった。

(11)　Ordonnance du 30 juin 1999, *Alpharma c. Conseil*, aff. T-70/99 R, *Rec.* p. II-2027.
(12)　CJCE, 24 novembre 1993, aff. C-405/92, *Mondiet*, *Rec.* p. 6176, pts. 31-36.
(13)　CJCE, 23 septembre 2004, aff. C-280/02, *Commission c. France*, *Rec.* p. 8573.

護政策の一つの基礎であり、それに照らして生息地指令が解釈されなければならないところ、当該原則に鑑みて、当該計画が有意な形で当該用地を害することが客観的データに基づいて排除されない以上、そのようなリスクは存在する。……有意な影響の不存在について疑義がある場合には、そのような評価を下す理由がある。」(CJCE, 7 septembre 2004, *Waddenvereniging*)[14]

B　判例の寄与

予防原則は、その承認後、展開・明確化を必要とした。共同体判事は、判例によりこれに打ち込んだ。判例は「予防原則の良き使用方法の説明書」[15]であるといえる。

1　予防原則と商品の自由な流通

共同体判事は、商品の自由な流通の原則が妨げられうることを考慮しつつも、予防原則を直接用いるのをためらわなかった。*Solvay* 判決（TPI, 21 octobre 2003, *Solvay Pharmaceuticals BV c. Conseil*）[16]が、このことを非常に明確に表す。「予防原則は、共同体法の一般原則をなし、関係当局に対し、公衆保健衛生、安全性及び環境への一定の潜在的なリスクを予防するために、これらの利益の保護要請を経済的利益に優先させて、適切な法規により付与された権限行使の厳格な範囲内で、適切な措置を採ることを要請する」。ただし、この選択は、比例原則及び無差別原則に適合したものでなければならない（TPI, *Solvay*, pt 121-122, 125）。

2　予防原則の適用要件

予防原則の適用要件は判例により厳格に定められるところ、これに関し、「WTO判例と欧州裁判所判例の均質化の力学」[17]を確認できる。

---

(14) CJCE, 7 septembre 2004, *Waddenvereniging et Vogelbeschermingsvereniging*, C-127/02, *Rec.* 2004, p. I-7405.

(15) A. Rigaux, Du bon usage par un État du principe de précaution dans la justification des mesures qui entravent les échanges, *Europe*, mars 2010, n° 3, comm. 108.

(16) TPI, 21 octobre 2003, *Solvay Pharmaceuticals BV c. Conseil*, Aff. T-392/02, *Rec.* II-4555.

(17) C. Noiville, Le principe de précaution, bilan 4 ans après sa constitutionnalisation, Rapport Sénat, audition OPECST, 2009, n° 25.

専門的判断の質と独立性 リスク評価の手続に用いられる科学的資料が質を備えたものであることは、予防原則の適用において最重要の要請をなす。専門家の能力が第一の基準である。*Technische Universität München* 判決[18]において、共同体判事は、「専門家集団は、当該科学的装置の様々な使用領域で要求される技術的知識を有する者たちによって構成される場合、又はこの集団の構成員がこれらの知識を有する専門家の助言を受ける場合のみ、その任務を達成しうる」[19]。しかし、能力のみでは十分でなく、措置の科学的客観性を確保し恣意的措置の採用を避けるべく、共同体判事は、「卓越性・透明性・独立性の諸原則」に言及する (*Pfizer Animal Health SA c. Conseil*, pt. 159)[20]。質の評価にあたっては、最も信頼性があり最も近時の[21]、国内のみならず国際的にアクセス可能なものも含む[22]科学的データを考慮しなければならない。専門家の独立性も等しく最重要である。やはり *Pfizer* 事件・*Alpharma* 事件[23]において、欧州第一審裁判所は、「科学的意見は、その機能を全うするために、独立性の原則に基づいていなければならない」とした (TPICE, *Pfizer*, pts. 170-172 et *Alpharma*, pts. 181-183)[24]。

---

(18) CJCE, 21 novembre 1991, *Technische Universität München*, aff. C-269/90, *Rec.* 1991, p. 5469.

(19) 当該事案に関しては、「専門家会合の調書によっても、裁判所の面前での討議によっても、この集団の構成員がそれ自身として化学、生物学及び地理学の分野における必要な知識を有していたこと、又は当該科学的装置の等価性検査において生じる問題について判断するためにこれらの分野の専門家に助言を求めたことが証明されなかった」と結論付けた。

(20) TPICE, 11 septembre 2002, *Pfizer Animal Health SA c. Conseil*, aff. T-13/99, *Rec.* 2002, p. II-3305, pt. 159.

(21) *Ibid*, pt. 307.

(22) CJCE, 4 décembre 2008, *Commission c. Royaume des Pays-Bas*, aff. C-249/07, *Rec.* 2008, p. I-174, pt. 51. 同判決は、2008年6月19日判決 (*Nationale Raad van Dierenkwekers en Liefhebbers et Andibel*, aff. C-219/07, pts 37 et 38) を、類比的に参照する。

(23) TPICE, Arrêts du 11 septembre 2002, *Pfizer Animal Health C. Conseil*, aff. T-13/99, *Rec.* p. II-3305, pts. 170-172) et du 11 septembre 2002, *Alpharma c. Conseil*, aff. T-70/99, *Rec.* p. II-3495, pts. 181-183.

(24) 同様の判断として、TPICE, 26 novembre 2002, *Artegodan GmbH e.a. c/ Commission*, aff. jtes T-74/00, T-76/00, T-83/00, T-84/00, T-85/00, T-132/00, T-137/00 et T-141/00, *Rec.* 2002, p. II-4945, pt. 200.

リスク評価 WTO 判事は、「体系的、厳格かつ客観的な分析・調査」[25] により特徴付けられる手続と定義されるところのリスク評価を要求するが、それと同様、共同体判事は、商業制限措置を、それができる限り徹底的な科学的リスク評価の実施に基づくものである場合のみ認める。この要請は、環境リスク予測に関する国際実務にかなりよく対応する。

高度かつ固有の評価 行われる評価は、高度なものであり、かつ、疑われるリスクに固有のものでなければならない。ビタミン凝縮食品の商業化をデンマーク住民における栄養上の必要性の証明にかからしめたデンマークの措置に関する *Commission c. Danemark* 事件[26]も、共同体判事の立場を例証する。「問題となるビタミン、当該制限の超過の度合い又はそうした超過により生じるリスクを明示することなく、過剰供給の一般的リスクを曖昧に」[27]指摘するにとどまる科学的見解は、この要請を満たさないとされた。こうした要請は、WTO 紛争解決機関の立場に完全に対応する[28]。

危惧されるリスクの堅実さの程度 加盟国は、予防原則に基づき、リスクの真実性及び重大性の完全な証明を待つ必要なく、保護措置を採りうる（CJCE, 5 mai 1998, *National Farmers' Union*, déjà cité pt. 63）。しかし、予防原則は、科学的議論が最低限の堅実さに達しなかった場合には、適用できな

---

(25) *Communautés européennes — Mesures concernant les viandes et les produits carnés*, WT/DS26/AB/R du 16 janvier 1998, § 187.

(26) CJCE, 23 septembre 2003, *Commission c. Danemark*, aff. C-192/01, *Rec.* 2003, p. 9693, pt. 56. この事件に関する解説として、Bouveresse (A.), Les vitamines dopées par la libre circulation des marchandises : interdiction de commercialiser des denrées alimentaires vitaminées, besoin nutritionnel de la population et principe de précaution, *Europe*, 2003, n° 11, note n° 351, pp. 21 et 22 ; Berr (C.J.), Chronique de jurisprudence du Tribunal et de la Cour de Justice des Communautés européennes, *JDI* 2004, n° 2, pp. 569 et 570 を参照。

(27) CJCE, 23 septembre 2003, *Commission c. Danemark*, aff. C-192/01, op. cit., pts 55-57. この判決は、CJCE, 5 février 2004, *Commission c. France*, C-24/00, *Rec.* p. 1277, pt. 62 でも踏襲された。

(28) とりわけ、M.-P. Lanfranchi E. Truilhé-Marengo, OMC et environnement, *Fascicule du JCl environnement*, n° 2300, § 38 et s. を参照。

い。なぜならば、リスクに関する証明がないことはリスク不存在の証しではないにしても、いかなる科学的根拠も有しない、純粋に思索的な、直感に基づく仮定的リスクは、予防原則の適用範囲から排除されるべきだからである[29]。「科学的に検討されていない単なる仮説」は、保護措置を有効に基礎付けえない（CJCE, 11 septembre 2002, *Pfizer Animal Health*）[30]。このように考えることで、共同体判事は、「現在又は将来のわずかなリスクも全く存在しないことが科学的に証明できないという意味において」ありえない「ゼロ・リスク」からは距離をとった、節度ある予防原則の解釈を採用する。これらの判決は、予防原則に関し共同体判事が期待する堅実さのレベルについて、詳しく述べる。それによれば、「予防措置は、リスクが、その存在及び範囲につき決定的な科学的データによって『完全に』証明されることはないにしても、当該措置の採用時点において利用可能な科学的データに基づいて十分に裏付けられていると考えられる場合のみ、採ることができる」。欧州第一審裁判所は、リスク評価は疑われる影響の「蓋然性」の程度の評価を目的とすることを明言する（TPI, *Alpharma c. Conseil* pts. 152-161）。すでに引用した *Artegodan* 判決は、当該決定が「科学的不確実性の氷解には至らないものであるにせよ、製品の安全性に関する疑いを合理的に除去しうる堅固かつ説得的な」データに基づくものであることを要求する（TPI, 26 novembre 2002, *Artegodan*, pt. 192）[31]。

　リスクは一定レベルの堅実さに達していなければならないのが通常であ

---

(29) この点に関し、とりわけ、N. de Sadeleer, *Les principes du pollueur-payeur, de prévention et de précaution : essai sur la genèse et la portée juridique de quelques principes du droit de l'environnement*, Bruylant, Bruxelles, 1999, p. 176 ; L. Boisson de Chazournes, Le principe de précaution : nature, contenu et limite, *in* C. Leben, J. Verhoeven, (dir.), *Le principe de précaution : aspects de droit international et communautaire*, Panthéon-Assas, Paris, 2002, p. 81 を参照。

(30) CJCE, 11 septembre 2002, *Pfizer Animal Health*, T-13/99, *Rec.* p. II-3305. S. Roset, Produits phytopharmaceutiques et principe de précaution, *Europe*, Juin 2013, Comm. n° 268 p. 28-29.

(31) TIPCE, 26 novembre 2002, *Artegodan GmbH et autres contre Commission*, aff. jointes T-74/00, T-76/00, T-83/00, T-84/00, T-85/00, T-132/00, T-137/00 et T-141/00, *Rec.* p. II-04945, pt. 192.

る(32)としても、判事が単なる疑念に重要性を見出すことがある。このことは、Natura2000 指令の適用において見られた。欧州裁判所は、前述のいわゆる「ワッデン海」事件(33)において、政府委員の意見に従い、当該計画がもたらす当該用地の完全性への悪影響につき、いかなる科学的に合理的な疑いも残存してはならなかったとした。開発者がリスクの不存在を証明する義務を負うというこのような厳格な解釈は、ここでは、指令の諸規定の起草経緯に照らして正当化されているようである。

適切な保護レベルの決定権　現実には、問題となっているリスクの堅実さのレベルは、各国及び共同体諸機関が有する、適切だと考えられる保護レベルを決定する権利と関連付けられるべきである。欧州第一審裁判所は、*Solvay* 判決において次のように判示する際に、まさにこのことに言及する。「科学的評価によってリスクの存在が十分な確実性をもって確定されない場合において、予防原則に依拠するか否かは、条約及び派生法の関連規定に従って追求される目的に照らして定められる優先課題を考慮して、権限ある当局が自由裁量の行使として選択する保護レベルに左右される」（TPI, arrêt du 21 octobre 2003, *Solvay*, pt. 121-122-125）。

リスク評価と採用される措置の関連性　予防措置が有効であるためには、それがリスク評価に基づくものでなければならず、このことは、行われた評価と採用された決定との間に関連性がなければならないことを意味する。ここでは、リスクに関する公的行為の２段階、すなわちリスク評価とリスク管理を区別しうる。ところが、国家は適切と考える保護レベルを自由に設定しうるという、国際商事法と同様の共同体法原則が存在する。この原則は、リスク評価とリスク管理の関係をいささか混乱させるに至っている。行われた評

---

(32) 立法自体が若干の緩和を要請している場合には別様でありうる。合理的な疑いがある場合、すなわち、当該計画が有意に当該用地に害を及ぼすことが客観的データに基づいて排除されえない場合には措置を採りうるとする、生息地指令を参照。

(33) CJCE, 7 septembre 2004, *Waddenvereniging et Vogelbeschermingsvereniging*, C-127/02, *Rec.* p. I-7405.

価から導き出されるリスクは、国家（又は共同体諸機関）が認めるリスクのレベルに応じて、受容可能又は受容不可能と判断されうる。国家及び欧州委員会は、潜在的影響の受容限度を超えていると判断することで、科学的見解が示す結論を問題なく排斥しうる。すでに引用した Pfizer 判決は、付託された科学小委員会において「公衆保健衛生への現実かつ即時のリスク」が同定されなかったにもかかわらず抗生物質飼料の使用を禁止した理事会決定を有効とすることにより、この原則を認めた。「この結論は、欧州委員会の政治的責任及び民主的正統性に関する一般的考慮により正当化される。……科学の専門家は、科学的正統性を有するにしても、民主的正統性や政治的責任を有しない。しかるに、科学的正統性では、公権力の行使を正当化するのに十分ではない」（TPI, 11 septembre 2002 Pfizer, Aff. T-13/99, pt. 201）。

決定の理由付けの要請　しかし、リスク評価結果の排斥を欲する国家又は機関は、その立場を理由付ける義務を負う。我々はおそらく、予防原則の本質的寄与により、理由付けの義務が強化される段階にいる。すでに、採用された措置と行われたリスク評価の緊密な関連性の要請により、この義務が課されている。すなわち、それを基礎付ける科学的研究に照らした十分な説明がなされていない国内措置は、無効とされうる。このことは、2つの意味において機能する。欧州裁判所は、Pfizer 判決において、これを明確に指摘した。「共同体機関は、科学的見解を排斥しようとする限りにおいて、科学的見解が示す評価との関係で自己の評価を特別に理由付ける義務を負い、それゆえその理由付けは排斥根拠を説明するものでなければならない」。また、理由付けは「当該見解の科学的レベルと少なくとも同等の科学的レベルのものでなければならず」、さらに「当該見解と少なくとも同等の証明力を有する」他の科学的データに基づいたものであることが必要であると強調されている（TPI, 11 septembre 2002 Pfizer, Aff. T-13/99, pt. 199）[34]。

比例性　最後に、科学的不確実性の手続的枠付けは、何よりも比例原則の遵

---

(34) TPICE, 11 septembre 2002, *Pfizer Animal Health SA*, aff. T-13/99, *Rec.* p. II-03305, pt 199.

守のコントロールによりなされるように思われる。予防原則は、恣意性の禁止の要請を満足すべく、それに依拠する措置が比例性を備えることを要求する[35]。共同体法の一般原則の一部をなすところの予防原則は、加盟国及び共同体諸機関に対し、選択される手段が追求される利益保護のために実際上必要なものに限定されることを要請する。まず、予防的措置が目的達成に適したものであるかの確認であり、これは比較的単純である。次に、措置が追求される目的と釣り合ったものであるかの確定であるが、疑われるリスクの蓋然性又は範囲が未知である以上、予防措置の比例性の評価がより複雑であることは明らかである。行為のコスト対ベネフィットという伝統的対照法は、生じうるリスクを多かれ少なかれ特徴付ける不確実性により動揺する。どのようにして、重大だが全く不確実なリスクに備える措置の比例性を評価するのだろうか？

　この問いへの解答は明らかに、コントロールが国内措置についてなされるか共同体諸機関が採用する措置についてなされるかによって異なる。予防的な国内決定は、比例性のコントロールにより無効とされることが多い。全面的禁止措置は、徹底的に、判事による比例性のコントロールを受ける。ビタミン凝縮食品事件（CJCE, 23 septembre 2003, *Commission c. Danemark*, Aff. C-192/01）[36]においては、デンマークが採った措置は、添加対象の種々のビタミン・ミネラルや、添加により公衆保健衛生に生じうるリスクのレベルを区別することなく、ビタミン・ミネラルが添加されたすべての食料品の商業化をシステマティックに禁止するものであるという性格に照らして、有効とは判断されえなかった（CJCE, *Commission c. Danemark*, Aff. C-192/01, pt. 55）。よりニュアンスを含む措置は、一般に、入念なコントロールを受ける。ヨーロッパ・レベルでの措置が問題となる場合、比例性のコントロールはより緩やかなように思われる。2010年に下された*Afton*判決[37]はそのことを例証

---

(35) この意味で、以下のように規定するフランス環境憲章5条を参照。「科学的知識の現状では不確実ではあるとしても、損害の実現が重大かつ不可逆的に環境を害しうるであろう場合には、公権力は、予防原則の適用により、損害の実現を回避するための暫定的かつ比例的な措置の採用及びリスクの評価手続の実施に注意を払う。」

(36) CJCE, 23 septembre 2003, Aff. C-192/01, *Commission c. Danemark*, Rec. p. 9693.

(37) CJUE, 8 juillet 2010, aff. C-343/09, *Afton Chemical Limited*, Rec. p. 7027.

する。この訴訟は、保健衛生への潜在的リスクを理由として、メチルシクロペンタジエニル・マンガン・トリカルボニル（以下「MMT」）、すなわち発動機付乗物のエンジン燃料への金属性添加物の使用について、共同体立法者が課した制限に関するものであった。欧州裁判所は、先決問題として指令条文[38]の有効性について判断を求められたところ、まず、保健衛生及び環境に関する共同体立法者の評価権限が広範であるということ、及び、コントロールが評価の明白な誤りに限定されるという原則を指摘する（CJUE, 8 juillet 2010, aff. C-343/09, *Afton*, pt. 28）。そのうえで、欧州裁判所は、「エンジン燃料のMMT制限濃度のレベルを決定するより正確な情報は存在しえない」ことを確認し、「MMTの使用により引き起こされる損害及びMMT使用者に生じるリスクの不確実性に照らし、エンジン燃料のMMT制限濃度の設定は、保健衛生及び環境の高レベルの保護を保障するうえで、MMT生産者の経済的利益との対比で明白に比例性を欠くものとは思われない」と結論付ける。ここでは、高レベルの保護の原則が言及されていることを強調しないわけにいかない。政府委員は全面的禁止さえも考えうるものであったとしていたことに注意しよう[39]。

措置の暫定性 比例原則は、予防措置がより詳細・安定的な科学的データの獲得を待ちつつ暫定的に採られるものであることを要求する。しかし、採用される決定が科学的知識とともに変化することを含意し、暫定的な措置のみを採用するよう義務付けるのは、予防原則、及び、その帰結たる、科学的データと採用される決定の間の密接な関連性でもある[40]。Agathe Van Lang

---

(38) 1998年10月13日の指令を修正する、ガソリン及びディーゼル・エンジン燃料の品質に関する2009年4月23日の指令第2009/30号（*JOUE* n° L 140 p. 88）である。
(39) 2010年5月6日に出廷したユリアーネ・ココット政府委員である。
(40) 同様の要請はフランス法にも生じている。この意味で、以下のように規定する環境憲章5条を参照。「科学的知識の現状では不確実ではあるとしても、損害の実現が重大かつ不可逆的に環境を害しうるであろう場合には、公権力は、予防原則の適用により、損害の実現を回避するための暫定的かつ比例的な措置の採用及びリスクの評価手続の実施に注意を払う。」WTO法でも同様である。すなわち、保護措置の主体たる国家は「合理的な期間内に」措置を再検討しなければならないとされるところ、この概念は、上級委員会により、「事案に応じて設定され、追加的情報を獲得することの困難性を含む各事案の諸事情に左右される」は

教授が言うように、「規範の固定性・厳格性ほど、予防の思想と相容れないものはない」[41]。狂牛病事件において有効とされたのは暫定的な輸出禁止であり、欧州裁判所は、1判決（CJCE *Royaume-Uni c. Commission* aff. 180/96）において、措置が「一時的に、より詳しい科学的情報を待ちつつ」採られたと指摘し、このことを強調する。

III 制度・手続において

「予防原則は、新たな法的スタンダードとして、決定手続に事前の修正を加えるに至りうる（そうでなければならない）」[42]。以下で素描される諸々の修正は、共同体法秩序に特有のものではなく、予防アプローチに支配される法システム全体で観察しうる。

A 科学的手法の強化

予防原則と科学の役割の強化 予防原則は商品の自由な流通を妨げる措置の採用を可能にするため、それが保護貿易的措置の口実となるのを避けるべく、その援用を厳格に枠付ける必要があった。すでに見たように、この枠付けは、科学的要請の強化を伴う。もっとも、予防原則はそれ自体、これを後押しするものである。なぜならば、予防原則は、科学的手法を拒絶するものではなく、その強化を要請するからである[43]。逆説的ではあるが、このような科学的手法の強化は、科学者が演じる役割をも強く再考させる。すなわち、決定手続への専門家の介入の一般化であり、これに対しては必然的に批判が加えられた。

ずであるとされた（*Japon – Mesures visant les produits agricoles*, Rapport de l'organe d'appel, 22 févr. 1999, WT/DS76/AB/R, § 93）。

(41) A. Van Lang, *Droit de l'environnement*, PUF, Thémis, 2011, p. 115.

(42) G. Martin, Précaution et évolution du droit, *D.*, Chron., 299.

(43) C. Noiville, *Du bon gouvernement des risques, op. cit.*, p. 57. Du juge-guide au juge-arbitre : le rôle du juge face à l'expertise scientifique dans le contentieux de la précaution, in E. Truilhé-Marengo (dir.), *La relation juge-expert dans les contentieux sanitaires et environnementaux*, la Documentation française, 2011, pp. 51-99 も参照。

関与者の増加 予防原則が要請する、リスクをできる限り正確に評価する義務により、科学研究の発展が必要とされる。それゆえ、国内の決定手続同様、ヨーロッパ・レベルの決定手続の様相に変化が生じる。2002年に設立された欧州食品安全機関は、一定の製品又は技術（遺伝子組換え生物、農薬、添加物）について意見を示すことにより、食品に関する決定に寄与する。すなわち、その意見は、欧州委員会や諸々の小委員会の決定に科学的根拠を与える。もっとも、その設立以来、欧州食品安全機関は、構成員と農産物加工業界の癒着がしばしば批判されたりもする[44]。

少数・異端の見解の考慮 科学的手法は漸進性を本質とするため、予防原則は、研究の継続を求めつつ、少数・異端の見解に一定の重要性を認めることをも要請する。区別のために重視されるのは、科学的手法である。当該科学的手法が一般に承認されたものであるならば、その研究結果は少数・異端であっても考慮されなければならない。

B 証明責任の転換？

法秩序における予防原則の出現は、証明の問題も提起する。一部学説、とりわけ国際法学説[45]によれば、予防原則は証明責任の転換という帰結をもたらす。

証明責任の転換は、すでに部分的には、訴訟外の文脈で見られる。リスクの事前的評価の要請は、この1つの表れと見うる。いくつかの派生法の条文は、より明確に、リスクの不存在の証明責任を、許可を求める製品の生産者や当該活動の責任者に課す。環境又は人間の保健衛生への負の影響がないことが、公権力が製品や活動を許可するための前提条件をなす。遺伝子組換え

---

(44) 数ある報道記事の一例として、Sécurité alimentaire européenne : 59% des experts en conflit d'intérêts, *Le Monde* du 23 octobre 2013.

(45) J. Cazala, *Le principe de précaution en droit international*, LGDJ, Paris, 2006, p. 413. 加えて、Y. Kerbrat et S. Maljean Dubois, La Cour internationale de Justice face aux enjeux de protection de l'environnement : réflexions critiques sur l'arrêt du 20 avril 2010, Usines de pâte à papier sur le fleuve Uruguay (Argentine c. Uruguay), *RGDIP*, janv.-mars 2011, pp. 63-64 の引用文献も参照。

生物や化学製品の分野は、この傾向の実例である。以前は、公権力が製品の安全性の問題を特定し対処する義務を負っていたが、今日では、必要に応じて新たな調査を行いつつ、製品についての知見を獲得し、リスク管理のために当該知見を活用する責任は、生産者に帰せしめられる[46]。

　問題の真の実益は、予防措置に関する訴訟の枠内にある。伝統的には、「証明負担は主張者が負う」の原則により、当該事実を主張する当事者が証明を尽くすものとされたが、今日では、「疑わしきは自然の利益に」という新たな法格言[47]として示されたところのものに由来する考え方により、当該の活動ないし製品がリスクを有しないことの証明責任は、原告たる当事者に帰せしめられるかもしれない。しかし、裁判所は、証明責任の転換を予防原則に基づいて認めるのに嫌悪を示す。欧州第一審裁判所は、*Artegodan* 判決において、明確に拒絶する。すなわち、「科学的不確実性がある場合において、医薬品の効能又は無害性に関する合理的な疑いが予防措置の正当化たりうるとすることは、証明責任の転換とは同視されえない」(TPICE, 26 novembre 2002, *Artegodan* pt. 191)[48]。欧州人権裁判所もこれを拒絶し[49]、国際海洋法裁判所[50]や国際司法裁判所も同様である。国際司法裁判所は、ウルグアイ川製紙用パルプ工場事件において、この問いについて判断する機会があった。国際司法裁判所は、予防アプローチは法規の解釈・適用上適切でありうるとしても、それは証明責任の転換をもたらすことを許さないとする[51]。

---

(46) E. Brosset, Droit international et produits chimiques, *JCL environnement*, Fasc. 4050, 4, 2010.

(47) F. Ost, Au-delà de l'objet et du sujet, un projet pour le milieu, *in* F. Ost S. Gutwirth (S.) (dir.), *Quel avenir pour le droit de l'environnement ?*, Publications des Facultés universitaires Saint-Louis, Bruxelles, 1996, p. 19.

(48) TPICE, 26 novembre 2002, *Artegodan GmbH e.a. c. Commission*, aff. jtes T-74/00, T-76/00, T-83/00, T-84/00, T-85/00, T-132/00, T-137/00 et T-141/00, *Rec.* 2002, p. II-4945, pt. 191.

(49) CEDH, *Tatar c. Roumanie*, 27 janvier 2009, n° 67021/01, § 105.

(50) Ordonnance du 3 décembre 2001, Affaire de l'Usine Mox (Irlande c. Royaume-Uni)（国際司法裁判所のインターネット・サイトで閲覧可能：*http://www.itlos.org/start2_fr.html*）

こうした立場の一つの正当化根拠は、リスクの不存在の証明は不可能であることが非常に多い点にある。リスクの不存在の証明は、「悪魔の証明」を認めるに帰する(52)。証明責任のシステマティックな転換(53)は、あらゆる計画の主体に対し、ほとんど行うことができない消極的証明を行う義務を負担させるものであり、持続可能な発展という目標に反しよう。そのような論理は、科学はすべての不確実性を除去しうるという、今日では時代遅れとなった信念の帰結でしかない(54)。

C　判事が行うコントロール

限定的なコントロールから…　判事は複雑な科学的データを前にして伝統的に限定的なコントロールを行うこと(55)、また、共同体諸機関又は加盟国は

---

(51) CIJ, *Affaire relative à des usines de pête à papier sur le fleuve Uruguay*, (Argentine c. Uruguay), 20 avril 2010, § 164. とりわけ、Y. Kerbrat et S. Maljean-Dubois, La cour internationale de justice face aux enjeux de protection de l'environnement : réflexions critiques sur l'arrêt du 20 avril 2010, Usine de pate à papier sur le fleuve uruguay (Argentine c. Uruguay), *RGDIP*, janv.-mars 2011, pp. 39-75 ; V. Richard E. Truilhé-Marengo, La coopération sur un fleuve partagé, l'anticipation des risques environnementaux et la CIJ : un pas en avant, deux pas en arrière ?, *BDEI*, juillet 2010, n° 28, pp. 17-21 を参照。予防原則は我々の法秩序においてより高次のレベルで承認されているものではあるが、こうした立場はフランスの判事の立場とも符合する。すなわち、2011年5月18日の破毀院判決は、「地役権者に対し損害賠償を求める者に、この損害が地役権者により直接かつ確実に生じたことの証明が課せられていた」とし、ただし「この証明は」「科学的証明を要することなく、重大で、明確で、信頼でき、かつ整合的な推定から生じえた」ことを付け加える（Cass. Civ. III, 18 mai 2011, n° 10-17. 645. M. Boutonnet, Les présomptions : un remède inefficace au refus d'influence des principes environnementaux sur la preuve de la causalité, *D.*, 2011 p. 2089)。

(52) J. Dutheil de la Rochère, Le principe de précaution dans la jurisprudence communautaire, *in* C. Leben, J. Verhoeven (dir.), *Le principe de précaution : aspects de droit international et communautaire*, Paris 2002, p. 195 ; J. Cazala, Principe de précaution et procédure devant le juge international, *in* C. Leben J. Verhoeven (dir.), *Le principe de précaution : aspects de droit international et communautaire*, Paris, 2002, p. 171.

(53) J. Cazala, *Le principe de précaution en droit international*, *op. cit.*, p. 412.

(54) *Ibid*, p. 415.

(55) C. Noiville, R. Froger, Du juge guide au juge arbitre ? Les relations entre le juge et l'expertise scientifique dans le contentieux de la précaution, *Observatoire du principe de*

「科学的・政治的に非常に複雑・繊細な資料と向き合う以上」[56]、判事によるコントロールは評価の明白な誤りの不存在についてのコントロールに限定されることが、一般に認められている。このような理解は、相対化されるに値する。

一方で、共同体諸機関が採る措置と域内市場規律に反する国家の措置のどちらが問題となっているかに応じて、欧州裁判所が予防原則に照らして行うコントロールの強度に重要な違いが設けられなければならない。後者は高度な正当化を要する厳格なコントロールに服するのに対し、前者は評価の明白な誤りのコントロールの対象にしかならない。定式は異なるが基礎は不変である。すなわち、予防原則を要請する不確実性により、不確実なリスクを伴う製品・活動に関する決定を行う時点で諸機関が有する評価の余地が増大し、判事はそれに従わなければならない。これは、いわゆる「狂牛病」事件において1998年5月5日に下した諸判決で、欧州裁判所が述べるところである[57]。「欧州委員会は、特に自身が採る措置の性質・範囲に関して広範な評価権限を有するところ、共同体判事のコントロールは、かかる権限の行使が明白な誤りや権限逸脱の性質を帯びていないか、あるいはさらに欧州委員会が明白に自己の評価権限の限度を超えていなかったかの検討に限定されるべきである」。こうした立場は、繰り返し踏襲された。とりわけ、*Pfizer*判決における欧州第一審裁判所を引用しうる。「共同体諸機関は、共通の農業政策に関し、広範な評価権限を有する。こうした文脈では、共同体判事のコントロールは、実体問題に関する限り、明白な誤りのコントロールに限定されなければならない」（TPICE, 11 septembre 2002, *Pfizer*, pt. 166）。

…入念なコントロールへ　しかし、判例[58]の徹底的な分析により、予防措

---

précaution, Octobre 2007 p. 5.
(56)　TPICE, 17 février 1998, *Pharos SA c/ Commission*, aff. T-105/96, *Rec.* p. II-285, pt. 69.
(57)　CJCE, 5 mai 1998, *Royaume-Uni de Grande-Bretagne et d'Irlande du Nord c. Commission*, C-180/96 pt 60 ; CJCE, 5 mai 1998, *National Farmers'*, aff. 157/96, pt. 39.
(58)　このような分析を行うものとして、E. Brosset, L'expert, l'expertise et le juge de l'Union européenne *in* E. Truilhé-Marengo (dir.), *La relation juge-expert dans les contentieux sanitaires et environnementaux*, la Documentation française, 2011, pp. 247-280.

置に直面する判事がそこまで明確に尻込みしていないことが分かる。そうではなくて、一定の場合には、共同体判事は上記留保から逸脱し、保健衛生措置の必要性、潜在的リスクの存在及び様々な科学的見解を評価しつつ、諸機関の選択に対する入念なコントロールにもしばしば及んでいるように思われる。国家の行為の有効性を評価する局面で、このことが特にあてはまる。1つだけ例を挙げよう。欧州裁判所は、*Commission c. Irlande* 判決[59]において、「鳥類」保護指令3条に照らし、カラフトライチョウの多様性や十分な生息地を保護するのに必要な措置をアイルランドが採っていなかったと結論付けるにあたり、当事者（ここでは、アイルランドにおける鳥類保護専門非政府組織たるアイルランド野鳥保護団体が作成した1993年の報告書[60]に依拠する欧州委員会）が提出した科学調査に根拠を求めるだけでなく、欧州委員会が「カラフトライチョウの生息・繁殖地域の著しい減少を明らかにする（と主張する）」「2つの科学的書物の比較」を行ったことを指摘する。しかも、欧州裁判所自身が注意喚起するように、それらの著者は、「データ比較を慎重に行う必要性」[61]を強調していた。

---

(59) CJCE, 13 juin 2002, *Commission c. Irlande*, aff. C-117/00, *Rec.* p. 5335.

(60) ヒツジ飼育者による集中的放牧が、カラフトライチョウの生息地への脅威や繁殖地の減少の1主要原因であるとするものである。

(61) CJCE, 13 juin 2002, *Commission c. Irlande*, aff. C-117/00, *Rec.* 2002, p. 5335, pt. 17.

2 民事訴訟における科学的不確実性の扱い[1]

大　塚　　　直

I　序——科学的不確実性に関連する訴訟
II　科学的不確実性の考慮を問題とした裁判例
　1　国の規制、公表等が問題となった事件
　2　私人の行為が問題となった事件
III　わが国における科学的不確実性に関わる裁判例、学説の傾向
IV　科学的不確実性に伴う諸論点
　1　不安感、危惧感の法的位置づけ
　2　具体的危険性とは何か
　3　予防的科学差止訴訟における具体的危険性の証明の方式
　4　相当程度の可能性に基づく部分的賠償の可能性
V　科学的不確実性の取り扱いに関する日仏比較

I　序——科学的不確実性に関連する訴訟

（1）民事訴訟において、環境分野では、古くは水俣病、今日では原発、感染症研究所、廃棄物処分場の設置・稼働、携帯電話鉄塔の設置、施設から

---

[1]　本稿は、2015年3月に早稲田大学で行われたワークショップでの発表を若干修正したものである。本稿については、その後、修正の上、フランス法についての検討を含めて大塚直「不法行為・差止訴訟における科学的不確実性（序説）」高翔龍ほか編『日本民法学の新たな時代』（星野英一先生追悼論文集）（有斐閣、2015）797頁以下に掲載したが、ここでは当日報告の雰囲気を残したまま提示するとともに、IVについては重複を避け、科学的不確実性に伴う問題点を挙げるにとどめた。

の未同定・未規制化学物質の発生、東日本大震災での東北（福島を除く）の災害廃棄物焼却などにおいて、いわゆる科学的不確実性が問題とされてきた。また、医学的・薬学的な問題を含めた科学的・技術的不確実性についてみれば、製造物責任（例えば、イレッサ薬害訴訟最高裁判決（最判平成25年4月12日民集67巻4号899頁））、労働災害（例えば、泉南アスベスト訴訟最高裁判決（最判平成26年10月9日民集68巻8号799頁、判時2241号13頁））でも類似した問題がある。

外国法に目を転じてみると、フランスでは、輸血によるHIV感染事件の民事責任論に関する判例、学説の展開を契機として、民事責任の分野（環境、健康に関わる分野）にいわゆる予防原則が影響を与え、深刻又は不可逆な損害が発生する可能性がある場合には科学的に不確実であっても、一定の場合に差止や事後の損害賠償が認められるとする裁判例や学説が現れており、相当の議論がなされていることが注目される[2]。事実審裁判官に解釈についての専権が与えられていること、環境憲章に予防原則の規定（5条）が入れられたことなども背景事情として挙げられよう。

わが国においても、潮見佳男教授は「完全には制圧することのできない危険源を社会生活にもちこむことが許容されている場合において、たとえ将来において危険が現実化することが予見できなくても、その危険源に関係する行為をするに際して、行為義務としての予見義務が行為者に課されることがある」とし、その例として「公害事例で問題となる企業の調査研究義務」をあげ、また、これは、環境法における予防原則の考え方ともその発想の基盤を共有するものであるとする[3]。

---

(2) M. Boutonnet, Le principe de précaution en droit de la responsabilité civile, 2005 ; Ph. Kourilsky et G. Viney, Le principe de précaution : rapport au premier ministre, 2000 ; G. Viney, Le point de vue d'un juriste LPA, 2000, n 239 p. 66 ; A. Guégan, L'apport du principe de précaution au droit de la responsabilité civile, RJE, 2000, n 2, p.147 ; P. Jourdain, Principe de précaution et responsabilité civile, LPA, 2000, n 239, p. 51 ; D. Mazeaud, Responsabilité civile et précaution, RCA, juin 2001, p. 72. わが国における紹介として、今野正規「リスク社会と民事責任（1）─（4）」北大法学59巻5号（2008）、60巻1，3，5号（2009）。

(3) 潮見佳男『不法行為法Ⅰ』（第2版）(2009) 298頁（筆者の『環境法』（第2版）49頁を引用していただいた）。

フランス法の上記のような動向を踏まえつつ、わが国の上記の裁判例において科学的不確実性との関係で整合的な立場が採られているか、科学的不確実性の問題は民法理論に何らかの影響を及ぼし得るものかを検討することは、今日のわが国においても重要な課題であろう。

（2）以下では、科学的不確実性の考慮を問題とした裁判例を挙げ（Ⅱ）、わが国における科学的不確実性に関わる裁判例、学説の傾向を示したうえ（Ⅲ）、科学的不確実性に関わるいくつかの論点に触れ（Ⅳ）、末尾に、科学的不確実性の扱いに関する日仏比較を簡単にすることにしたい（Ⅴ）。

なお、科学的不確実性が問題となる訴訟としては、ほかにも、①規制者から提起される、行政庁の基準策定や個別の処分に関する抗告訴訟[4]ないし当事者訴訟（基準策定については、行政事件訴訟法の改正により、当事者訴訟としての確認訴訟を用いやすくなった（4条参照）とみられる）、②事業者の行政庁に対する国家賠償訴訟、③（潜在的）被害者の行政庁に対する差止訴訟・国家賠償訴訟、④（潜在的）被害者の行政庁に対する義務づけ訴訟などがあるが[5]、本稿では、国家賠償訴訟を含みつつ、民事訴訟について扱うことにしたい。

（3）予め、科学的不確実性とは何かについて一言しておきたい。

科学的不確実性とは、リオ宣言第15原則（1992年）の予防原則において用

---

[4] ドイツでは、イミッシオン防止法5条1項2号等について、危険かリスクかによって第三者（規制者でも被規制者でもない者）が取消訴訟等を提起できるか否か（第三者保護規範性）が変わってくるとする考え方が判例（BverwGE 65, 313.）、多数説を占めているが、これについては反対説も有力に唱えられており（Vgl. F. Schoch,Individualrechtsschutz im deutschen Umweltrecht unter dem Einfluss des Gemeinschaftsrechts, NVwZ 1999, S. 457ff.; G. Günther, Umweltvorsorge und Umwelthaftung, 2003, S. 47. 戸部真澄『不確実性の法的制御』（2009）62頁以下参照）、この議論を導入することには慎重さが必要であろう。

[5] なお、ドイツでは、保護法規違反の場合の損害賠償責任を認める民法823条2項、民法施行法2条にいう「法規」には、事前配慮原則を定める環境行政法の規定も含まれる。したがって、事前配慮原則に違反する場合には、民法の損害賠償責任に直結することになる。但し、大気に関する指針（TALuft）のような一般行政規定については、民事上の外部効果があるか学説上争いがある（認めるものとして、Staudinger-Hager, BGB, §§823-825, 13. Bearbeitung, 1999, §823 Rn. G15; Koendgen," Ueberlegungen zur Fortbildung des Umwelthaftpflichtrechts", UPR 1983, S. 345, 351. 反対するものとして、Günter, a. a. O., S. 137.）

いられ、また、その後、EU コミュニケーション・ペーパー（2000年）や Codex 委員会の文書等で用いられているが、狭義では、リスク評価者の間で、リスク評価の結論に対する合意が形成されていないことをいう。また、広義では、そもそもリスク事象における原因と結果の関係を十分に説明できないことをいう。

　リスク管理の段階は、①リスクが未知の段階にある場合と、②リスクは知られているが、その存在・程度についてリスク評価者の間に合意（大勢を決するもの）がなく、科学者において支配的な見解がない場合（したがって定量的リスク評価もなされない）、③リスクについて定量的評価がなされているが、損害の発生について十分な蓋然性がない場合、④リスクによる損害の発生について十分な蓋然性がある場合（この場合は「危険（Gefahren）」という）に分かれる。科学的不確実性が問題となるのは②であるが、訴訟では③もそれに付随して問題となるといえよう。

II　科学的不確実性の考慮を問題とした裁判例

　科学的不確実性がある事案において損害賠償や差止めの判断をする際に、その点を特に取り上げない裁判例もあるが、いくつかの裁判例は明確に取り上げている。

　歴史的にみて、この点について最初の画期的な判断をしたのは、昭和48年の熊本水俣病第1次訴訟判決（熊本地判昭和48・3・20判時696号15頁）であろう。そこでは、科学的不確実性の段階のみでなく、それ以前の、リスクが同定される前の段階でも、化学工場は自らが排出する物質については調査する義務があることが判示されている（後に詳述する）。以下では、国の規制、公表等が問題となった事件と、私人の行為が問題とされた事案に分けて論じることにしたい。

1　国の規制、公表等が問題となった事件

　（1）水俣病関西訴訟上告審判決（最判平成16・10・15民集58巻7号1802頁）及び控訴審判決（大阪高判平成13・4・27判時1761号3頁）は、事実認定にお

いて予防原則の発想を採用したと見る余地がある。

　すなわち、第1審判決（大阪地判平成6・7・11訟月41巻8号1799頁）は、当時の技術水準では総水銀でしか規制することができず、これによって規制をすると（水俣病の原因物質以外の物質をも規制対象とするという意味で）過剰規制となること、総水銀についてもチッソからの排出は検出限界値以下になる可能性が高かったことを判示している。これに対し、控訴審判決は、過剰規制という主張は「結局、この状況を放置することを是認せよということであって、上記のような事情（水俣病の発生という重大な被害を防止する必要……筆者挿入）を勘案すると採用できるところではない」とする。また、検出限界の問題については、工業技術院東京工業試験所において0.001 ppmまで定量分析が可能であったことを否定する根拠はないとし、「一刻も早く被害のこれ以上の発生を防止する必要性」などに鑑みれば、これが再現性のあるデータといえるかどうかは問題としない姿勢を示している。最高裁は過剰規制の問題には触れず、「定量分析は可能であった」と判断している。

　事実認定に隠されているが、控訴審判決は、実質的には、科学的不確実性は残されていても、国の予防原則的な権限行使を求めたものであり、最高裁もそれを維持したと見ることができよう[6]。

　（2）O-157訴訟があり、行政庁が科学的に不確実な段階で原因と考えられるものを公表することは（その方法についての議論はあるが、公表すること自体は）違法とはならないという形で科学的不確実性の問題を扱ったとみることができる[7]。

（6）　大塚直「水俣病関西訴訟最高裁判決（最二小判平成16年10月15日）の意義と課題」判タ1194号（2006）98頁。

（7）　0-157事件（日本かいわれ協会及び生産者からの国家賠償請求）において、東京地裁判決（東京地判平成13・5・30判時1762号6頁）は、原因食材が貝割れ大根とは断定できないが、その可能性も否定できないとの中間報告を厚生大臣がそのまま公表したことについて違法はないとし、請求を棄却したが、その控訴審である東京高裁判決（東京高判平成15・5・21判時1835号77頁）は、公表は「目的、方法、生じた結果の諸点」から是認できるものであることを要し、注意義務に違反すれば責任が生じうるとし、本件公表の目的（情報提供及び食中毒の拡大・再発防止）は適法であるが、中間報告の公表方法には問題があり、それによって貝割れ大根一般が原因食材として疑われているとの誤解を招いたことは違法であるとした。これは、公表の仕方については問題となるものの、公表が一般的に違法とはいえないと

（3）これらは、科学的不確実性があっても、確実である場合と同様の判断をしたものとみることができる。

2　私人の行為が問題となった事件

私人の行為についてその結果に科学的不確実性がある場合に、差止や損害賠償を認めた事件では、多くは、科学的不確実性を考慮する際に、判断の方式に何らかの修正を加えている。

（1）第1に、事前差止訴訟において科学的不確実性を考慮しつつ差止の可否を判断する裁判例が存在する[8]。

（ア）証明の順序・程度、証拠の提出の方式については、(a) 原告が侵害発生の具体的可能性について相当程度の立証をすれば（または、平穏生活権侵害の発生の高度の蓋然性について一応の立証をすれば）、被告の側で侵害発生の高度の蓋然性がないことを立証すべきであるとした裁判例（丸森町廃棄物処分場差止訴訟判決（仙台地判平成4年2月28日判タ789号107頁）、長良川河口堰建設差止訴訟控訴審判決（名古屋高判平成10・12・17判時1667号3頁）、志賀原発差止訴訟第1審判決（金沢地判平成18・3・24判時1930号25頁）など）（以下、「相当程度の可能性アプローチ」と呼ぶ）と、(b) まず被告側において安全性に欠ける点のないことについて相当な根拠を示し、かつ必要な資料を提出した

したものといえよう。大阪高判平成16・2・19（訟月53巻2号541頁）も、厚生大臣が集団食中毒の原因について調査報告を公表するにあたっては、公表の目的の正当性、公表内容の性質、その真実性、公表方法・態様、公表の必要性と緊急性等を踏まえ、公表することが真に必要であるか否かを検討すべきであるところ、本件では、公表の目的は主に国民の不安解消という情報公開それ自体であり、中間報告については公表すべき緊急性、必要性が認められず、最終報告については誤解を招きかねない不十分な内容であり、厚生大臣が行ったいずれの公表も相当性を欠き違法であるとした（原判決〔大阪地判平成14・3・15判例時報1783号97頁〕に対する控訴を棄却）。これらの国家賠償のほか、憲法29条3項に基づく損失補償が認められる余地がある。

さらに、那覇地判20・9・9判時2067号99頁は、温泉排水の地下水流への影響について上水道企業団がした公表等を適法と判断した。地下水流（井戸水）への影響についての科学的根拠が不明確な中で「温泉排水の影響によるものと判断される」等の公表及び温泉排水の地下浸透処理中止の要請（行政指導）をしたことを適法と評価したものである。

（8）　大塚直「環境民事差止訴訟の現代的課題」淡路剛久先生古稀祝賀『社会の発展と権利の創造─民法・環境法学の最前線』（2012、有斐閣）546頁以下参照。

上で立証する必要があり、それを尽くさない場合には安全性の欠如が事実上立証されるとした裁判例（女川原発差止訴訟第1審判決（仙台地判平成6・1・31判時1482号3頁）、長良川河口堰建設差止訴訟第1審判決（岐阜地判平成6・7・20判時1508号29頁）など）がみられる。(b)は行政訴訟に関する伊方原発訴訟最高裁判決（最判平成4・10・29民集46巻7号1174頁）の影響を受けつつ、証明責任の緩和を図ったものと考えられている（以下、「伊方型アプローチ」と呼ぶ）。民事訴訟においては、原因者対潜在的被害者のみの紛争となり、規制者でもある行政庁が介在しないため、より単純な形で予防原則的な考慮が問題となるといえよう。

(c) 他方、大飯原発差止訴訟第1審判決（福井地判平成26・5・21判時2228号72頁）は、「生命を守り生活を維持するという人格権の根幹部分」に対する侵害があることを重視し、「万が一」の「具体的危険」があるだけで差し止められるとした。本判決は、伊方アプローチを「迂遠な手法」であるとした。従来の裁判例が、被告の証拠の独占に基づく原告の証明の困難、裁判所の科学技術に関する能力の限界を踏まえつつ、原発の具体的危険の問題を証明の順序ないし程度、証拠の提出の問題として扱い、実体的判断を明確にすることを回避してきたのに対し、本判決は、実体的判断を明確に行おうとしたのである。

もっとも、本判決における具体的危険の中身は従来の裁判例とは異なっており、本判決では、「万が一」にも「具体的危険性」があってはならないとし、具体的危険性に関する原告の証明の程度を実質的に大いに緩和したからこそ証明の緩和に関する従来の下級審の判断方式を採用する必要がなくなったといえよう。不確実性が残っている限り「具体的危険」であるとする論理を採用することにより、本判決は実質的には証明責任を転換したのと同等の効果を発揮したともいえる[9]。

(d) また、その後、伊方型アプローチを採用しつつも、原子力規制委員会が債務者に対して設置変更許可を与えた事実のみによって、債務者が原子炉施設の安全性に関して十分な検討をしたことについての一応の主張及び疎明

---

(9) 大塚直「大飯原発運転差止訴訟第1審判決の意義と課題」法教410号（2014）89頁。

があったとはいえず、その主張及び疎明が尽くされていないとするもの（高浜3・4号機原発差止訴訟決定（大津地決平成28・3・9））、同じく伊方型アプローチを採用しつつ、現在の科学技術水準を採用している限り具体的危険はないとする立場をとるもの（川内原発差止訴訟即時抗告事件決定（福岡高宮崎支決平成28・4・6判時2290号90頁）が現れている。

　(a)～(d)の裁判例には、①施設の設置の差止訴訟であること、②施設の稼動の結果生ずる住民への影響について科学的知見が不明確であること、③当該影響が一旦発生すると生命・健康被害等の甚大な損害を発生させる可能性があること、④上記の科学的知見についての証拠が被告に偏在していることという特徴がみられる。このような特徴をもつ訴訟を「予防的科学訴訟」と呼ぶことにしたい[10]。

　（イ）また、事前差止訴訟において人格権の一種として平穏生活権を根拠とする差止が認められることがあるが（産業廃棄物処分場の差止に関するものが多い。上記の丸森町廃棄物処分場差止訴訟判決のほか、熊本地決平成7・10・31判時1569号101頁、福岡地田川支決平成10・3・26判時1662号121頁、水戸地麻生支決平成10・9・1）、この概念は、住民の不安を法的に確定しようとするものであり、人格権の前倒しの拡張を認めている点で、予防原則の発想に関連するといってもよい。人格権侵害でなく、平穏生活権という概念を下級審が用いるのは、将来の汚染の漏出についての科学的不確実性と関連しているのである。

　（2）第2に、損害賠償訴訟に関しても、科学的不確実性に対処した判決が存在する。特に水俣病に関する裁判例が注目される。

　(a)　過失についてはどうか。

　熊本水俣病第1次訴訟判決（前掲熊本地判昭和48・3・20）は、昭和31年以来、熊本大学医学部ではマンガン説、マンガンセレン説、マンガンセレンタリウム説が主張され、昭和34年7月に至って有機水銀説が強く提唱されるに至ったという状況にあったこと、それぞれについて被告チッソが反論していたことを認定しつつ、「およそ化学工場は、……廃水を工場外に放流するに

---

　[10]　大塚直「予防的科学訴訟と要件事実」伊藤滋夫編『環境法における要件事実』（2009、日本評論社）139頁。

あたっては、常に最高の知識と技術を用いて廃水中に危険物質混入の有無および動植物や人体に対する影響の如何につき調査研究を尽してその安全を確認するとともに、万一有害であることが判明し、あるいは又その安全性に疑念が生じた場合には、直ちに操業を中止するなどして必要最大限の防止措置を講じ、とくに地域住民の生命・健康に対する危害を未然に防止すべき高度の注意義務を有するものといわなければならない」とした。同判決はまた、「被告は、予見の対象を特定の原因物質の生成のみに限定し、その不可予見性の観点に立って被告には何ら注意義務違反がなかった、と主張するもののようであるが、このような考え方をおしすすめると、環境が汚染破壊され、住民の生命・健康に危害が及んだ段階で初めてその危険性が実証されるわけであり……住民をいわば人体実験に供することにもなるから、明らかに不当といわなければならない」とした。

　損害の発生を前提とした議論ではあるが、（原因物質について）科学的不確実性があっても、化学工場については高度の調査義務・予見義務を課する判断を示したものであり、本稿の主題との関係では、昭和48年の時点で、予防原則と同様の、さらにそれを超えた判断を下していたとみることができる。これに関して次の2点を指摘しておきたい。

　1つは、本判決は、昭和28年ごろから湾内に魚が死んで浮上する現象が目立ち、昭和29年から31年にかけて猫が神経症状を呈して斃死する例が多く、また、昭和28年末ごろ以降原因不明の中枢神経系疾患が発生しその後その数が増加したことを認定し、このような環境異変及びその反響にもかかわらず被告はこれに着目し海面の汚染状況及び被害状況を調査検討しようとしたり、水俣湾に放流される工場廃水の危険性に思いを致したことはなかったと認定していることである。本判決は、化学工場について、周辺の状況に応じたかなり広範な調査・予見義務を課したものといえよう。

　もう1つは、そうはいっても、熊本大学医学部が、水俣病は水俣湾産の魚介類を摂食することによって生ずる中毒症である（その際、重金属が原因物質であるとした）との中間発表をしたのは昭和31年11月であったため、それ以前に予見義務を認めることについては相当ハードルが高かったと考えられるが、原告のうちには昭和28年以降同36年までに発症した罹患者がいるもの

の、本判決はこれらの者を分けることなく全員に対して過失を認めており、原因物質に対する科学的不確実性に基づく学説の対立の範疇を超えた、高度の注意義務を課したものといえることである。リスクが同定される前の段階（Ⅰ（3）の①の段階）でも、化学工場は自らが排出する物質については調査をしておく義務があるとしたのである。このような認定は、国に対する上記関西訴訟上告審判決とも相当異なっている。その理由は、本件では被告は直接の加害者であるところにあろう。科学的不確実性の段階の前の未知のリスク段階でも、一定の場合には対処すべきことを指摘したものといえる[11]。

 (b) 因果関係についてはどうか。

　未認定の水俣病患者の賠償訴訟に関して確率的心証論ないしそれに類する立場をとった裁判例（水俣病東京訴訟第1審判決（東京地判平成4・2・7判時〔平成4・4・25臨増号〕3頁）、水俣病関西訴訟第1審判決（大阪地判平成6・7・11判時1506号5頁））は、科学的不確実性に対処しようとしたものであり、予防原則と同一の基盤に立つものといえよう。もっとも、因果関係の不明確さに対処しようとするこれらの試みに対しては批判が強く、また、仮にこのような試みを肯定するとしても、どのような場合に証明責任の緩和や確率的心証論がとられるべきかについて争いがみられる[12]。

　(3) 第3に、訴訟ではないが、杉並病に関する公害等調整委員会裁定（平成14・6・26）も予防原則と密接に関連しているといえよう。そこでは、個々の物質と結果との因果関係を問題とすることなく、原因施設が不燃ごみ中継所であることが認定され、その操業に伴って排出された化学物質が原因であったと推認するほかないとされた。都としては、原因が何であるかを突き止めるためにも、まさに予防的に、一時的にせよ、中継所の操業を停止す

---

[11]　また、新潟水俣病訴訟第1審判決（新潟地判昭46・9・29判時642号96頁）も、化学企業においては、製造工程において有害物質が副生されることがあり得るのだから、これを企業外に排出することがないよう常に製造工場を安全に管理する義務がある旨を判示したが、被告は、熊本水俣病の原因が有機水銀であるとの考え方は昭和36年暮ころまでには知悉していたとしており、原告らが昭和39年から40年にかけて発症していることから、被告に過失を認定することは困難でなかったといえる。

[12]　最近この点を扱ったものとして、石橋秀起『不法行為法における割合的責任の法理』（2014、法律文化社）222頁以下。

ることが必要とされていたと考えられる[13]。そこでは、原因裁定であるため、因果関係の問題が扱われているが、過失の予見可能性の対象として、具体的な物質までの証明を求めない考え方と同根であるといえよう[14]。

Ⅲ　わが国における科学的不確実性に関わる裁判例、学説の傾向

（1）Ⅱで触れたもののほか、①携帯電話中継アンテナの設置・操業[15]、②廃プラスチックリサイクル施設の操業（から発生する未同定・未規制化学物質）[16]、③遺伝子組換え等の実験に対する差止訴訟[17]、④東日本大震災での東北（福島を除く）の災害廃棄物焼却[18]に対する損害賠償訴訟がみられ、いずれにおいても原告の救済はなされていない。①については、福岡高判平成21・9・14判タ1337号166頁は、衡平の見地から前述の伊方型アプローチを採用するとしても、被告は相当な資料、根拠に基づいて主張立証をしている

---

(13)　南０博方「杉並病と公調委の原因裁定」ジュリ1230号2頁（2002）参照。

(14)　潮見佳男「『化学物質過敏症』と民事過失論」棚瀬孝雄編『市民社会と責任』（2007、有斐閣）196頁。

(15)　福岡高判平21・9・14判タ1337号166頁（久留米市携帯電話基地局操業差止等請求控訴事件―控訴棄却）、福岡高判平21・9・14判タ1332号121頁（熊本市携帯電話中継アンテナ撤去請求控訴事件―控訴棄却）、熊本地判平19・6・25LEX/DB25421079（基地局操業差止等請求事件―棄却）。

(16)　大阪地判平20・9・18判時2030号41頁（廃プラスチックリサイクル施設操業差止等請求事件―棄却）、大阪高判平23・1・25（同一控訴棄却。棄却の最大の要因は、被害が場所的・時期的に集中して発生しなかったことにあると評されている。小島恵「化学物質過敏症訴訟を巡る問題点」都留文科大学研究紀要80集〔2014〕110頁参照）、大阪地決平17・3・31判時1922号107頁（工場操業禁止仮処分命令申立事件―却下）。

(17)　水戸地土浦支判平成5・6・15判時1467号3頁。

(18)　福岡地小倉支判平26・1・30判自384号45頁は、福岡県内外の住民である原告らが、東日本大震災によって生じた宮城県石巻市の災害廃棄物を、被告（北九州市）が違法に受け入れ焼却したことにより、生命・身体・健康に対する不安を生じ、精神的苦痛を被ったと主張して、被告に対し、国賠法1条に基づき慰謝料等の支払を求めた事案で、廃棄物の受け入れと焼却が、原告らの生命・身体・健康を侵害する具体的な危険性を有していたとは認めがたいとして、請求を棄却した。原告は不安を主張しているにすぎないとしているが、原告は危険についても主張はしていたとみられる。

から、電磁波による原告の健康被害が事実上推認されるべきであるとは言えないとしている。②については、上述したように、杉並病に関する公調委裁定が出されていたが、その後下された民事訴訟判決では硫化水素を原因とする健康被害に限って損害賠償が認められた[19]。③については、水戸地土浦支判平成5・6・15判時1467号3頁は、生命・身体の侵害が発生することについての客観的な蓋然性が必要であること、通常人にとって一般に受忍限度を超えたものであることが必要であるとする。①～④の裁判例の基礎には、確立した科学的知見が必要であり、また、行政の方針に沿って検討すべきであるという考え方がある。もっとも、⑤製造物（中国製の電気ストーブ）[20]や⑥ホルムアルデヒドを含む建材[21]については、室内における化学物質過敏症を認め、損害賠償を命ずる裁判例も現れている。

（2）科学的不確実性に関するわが国の裁判例の傾向としては、次の3点を指摘できる。

第1に、被告における証拠の偏在に焦点をあてた、予防的科学訴訟の類型が裁判例に表れており、上述したように廃棄物処分場や原発の差止めに関して特色のある判断方式を示していること、そして、そのうちの一部では、因果関係について相当程度の可能性の証明が求められていることである。これらについては、ひとたび事故や汚染が発生すると甚大な被害が生ずること、

---

(19) 東京高判平21・1・29（最決平21・9・18により上告棄却）。

(20) 東京高判平18・8・31判時1959号3頁。電気ストーブの有機塗料から発生する化学物質と化学物質過敏症の間の因果関係、予見可能性、予見義務、検査確認義務、情報提供義務、結果回避義務を認め、販売業者の民法709条に基づく賠償責任を認めた（最判平19・3・1は上告を斥け、この高裁判決が確定した）。因果関係については、状況証拠及び医師の判断が根拠とされ、予見可能性については当該ストーブの異臭に伴う問い合わせ例が多かったこと、シックハウス症候群の報道がなされていたことを理由とする。

(21) 東京地判平21・10・1 LEX/DB25463720（ただし、厚生省指針に適合しない場合につき過失を認定したものであり、科学的不確実性は小さい事案である）。もっとも、ホルムアルデヒドを含む建材について瑕疵を認めない判決（東京地判平22・5・27判タ1340号177頁。マンション建設後の法改正によって使用が禁止された床材が使用された事案）、化学物質過敏症に罹患した被用者からの使用者たる会社に対する安全配慮義務違反の訴えを棄却した判決（大阪地判平18・5・15判タ1228号207頁。厚生省からの依頼通知の前であった当時、認識し措置を講じることは著しく困難であったとした）もみられる。

過去に事故等が発生したケースがあることが判断に影響を与えていると思われる。

他方、第2に、携帯電話中継アンテナの電磁波、未同定化学物質・多くの未規制化学物質に関する差止訴訟に関する下級審裁判例では認容例はなく、廃棄物処分場と原発の差止訴訟とは明らかに判断の仕方に相違がみられることである。わが国の裁判例は――第1の類型を除けば――<u>裁判時においても科学的に不確実なリスクの差止に対しては冷淡である</u>とみることができよう。

第3に、損害賠償については、下級審裁判例において、科学的不確実性のために原因物質が特定できない場合でも、過失を認定する裁判例がいくつか出されている。これらは公害や薬害に関して出されており、学説においても支持されている。もっとも、<u>裁判時においても</u>未知のリスクに対しては過失の認定は難しいとみられる。なお、製造物や建物によって室内汚染が生じたケースにおいて、その販売契約等が問題となった場合については、販売時に科学的不確実性があったとしても調査義務があったことを理由として過失を認めるものがある。

これに対し、損害賠償の因果関係について相当程度の可能性で足りるとする立場は、下級審裁判例にはいくつかみられるが、学界からは必ずしも支持されていない[22]。

（3）また、学説上は、平穏生活権を通常人の不安を問題とするものとして支持する見解が示されていること[23]、化学物質過敏症に関して過失の予見可能性の判断においては「病名が特定されていなければ予見の対象となら

---

(22) なお、疫学的因果関係は、科学的不確実性を含む事案における損害賠償訴訟で経験則として用いられている（平井宜雄『債権各論Ⅱ』〔1992、弘文堂〕89頁）。もっとも、大気汚染訴訟では、いわゆる相対的危険度が一定程度以上でないと、疫学的因果関係が認められただけで個別の因果関係を認定できないとする考え方が有力に唱えられており（新美育文「疫学的手法による因果関係の証明（下）」ジュリ871号〔1986〕90頁。尼崎訴訟判決〔神戸地判平12・1・31判時1726号20頁〕）、予防原則の発想が当然に受け入れられているわけではない（推定すべきである議論を含め、大塚直『環境法〈第3版〉』〔2010、有斐閣〕672頁参照。また、疫学的因果関係の法的研究として山口龍之・疫学的因果関係の研究〔2004年、信山社〕特に22、23頁参照）。

(23) 淡路剛久「人格権・環境権に基づく差止請求権」判タ1062号〔2001〕154頁。

ず、結果回避のための行為義務の成立も認められないという考え方は、存在していないし、認められるべきでもない」とし、これは過失に関する通説の立場でも採用されていたとの主張[24]がみられることを指摘しておきたい。

　なお、近時、中原准教授は、過失の具体的内容を、①具体的危険の予見可能性を前提とする結果回避義務違反、②抽象的危険の段階での予見義務の履行により獲得される具体的危険の予見可能性を前提とする結果回避義務違反、③抽象的危険の段階での結果回避義務違反（ないし結果回避義務としての予見義務違反）であるとし、①の具体的危険の予見可能性を前提とする結果回避義務違反の枠組みは、他者加害の禁止の原初形態にすぎないのに対し、②、さらには（調査・情報収集により具体的危険が判明する限りで）③の一部は、結果発生の積極的「防止」を要請するものであり、さらに、③の抽象的危険の段階での結果回避義務まで至る場合には――たとえ行為の時点で危険性の科学的証明が不可能であった場合でも――結果発生の「予防」が要請されるとする[25]。

Ⅳ　科学的不確実性に伴う諸論点

　別稿との重複を避けるため、科学的不確実性に関わる事件における差止、損害賠償についての試論は省略し[26]、科学的不確実性に伴う諸論点として、①不安感、危惧感の法的位置づけ、②具体的危険とは何か、③予防的差止訴訟における具体的危険性の証明の方式、④相当程度の可能性に基づく部分的賠償の可能性という4点について論ずることにしたい。

---

(24)　潮見・前出注（14）197頁。なお、同教授は、過失における行為義務を、①抽象的危殆化段階における義務と、②具体的危険段階における義務に分け、未知の危険に対する抽象的危殆化段階での行為義務について、危惧感説への接近を説く（潮見佳男『民事過失の帰責構造』（1995、信山社）301頁以下）。

(25)　中原太郎「過失責任と無過失責任」現代不法行為法研究会『不法行為法の立法的課題』別冊NBL155号（2015）43,44頁。

(26)　大塚・前出注（1）818頁以下参照。

1 不安感、危惧感の法的位置づけ

　まず、不安感、危惧感の法的位置づけが重要となる。この点は、差止及び不法行為（損害賠償）における平穏生活権侵害の問題となるし、不法行為における過失の問題ともなる。

　これについて、下級審裁判例の平穏生活権概念では、通常人の不安感を問題とすることになるが、民法研究者の一部はこれを支持しており[27]、また、――後述するように――過失の判断においても、具体的結果についての予見可能性は必要でなく、人の生命・身体に対して何らかの危害を及ぼすのではないかという一般的な危惧感があれば足りるとする見解が表明されている[28]。

　これに対して、不安感に基づく差止めを認めることについて、一部の行政法研究者から強い批判がなされている[29]。

　思うに、施設の設置や様々な事業活動等に対する不安感・危惧感が著しいケースもあり、決して無視できるものではないと考えられるが、他方で、これに基づいて差止、損害賠償を認めることについては、それが主観的利益であること、臆測に基づく差止や賠償によって社会活動を停滞に陥れる可能性があることが問題となる[30]。

　そこで、筆者が――予防的科学訴訟に関する差止めに関して――主張してきたのは、不安・恐怖感を理由とする原告の主張は認めつつ、安全性一般に対する証明責任の転換はせず、他方で、《被告は、不合理なリスクがないことについて確認する義務がある》と構成することである。これは、平穏生活権概念の再構成である[31]。すなわち、被告は原告のかけがえのない生命・

---

[27]　淡路剛久「人格権・環境権に基づく差止請求権」判タ1062号（2001）154頁、吉村良一「『平穏生活権』の意義」『行政と国民の権利』（水野武夫先生古稀記念）（2011、法律文化社）242頁など。

[28]　潮見・前出注（24）『民事過失の帰責構造』301頁以下。

[29]　高木光「原発訴訟における民事法の役割」自治研究91巻10号（2015）23頁以下。

[30]　大塚・前出注（１）820頁。

[31]　筆者によれば、平穏生活権侵害の効果は、直ちに差止められることではなく、被告に不合理なリスクのないことの確認義務が発生することになる。

健康等を侵害するおそれがあり、かつ、そのような不確実な状態を作り出した以上、市民や社会が不合理なリスクを受忍する義務はないことから、被告にはリスク（（発生し得る）損害×可能性）を不合理でないレベルに収めることが求められるのである。ここにいう「不合理なリスク」については、（予防的）科学的合理性に基づく判断がなされるべきであるが、具体的には、（原発についてみれば）「安全目標を超える事故の危険性がないこと」についての証明が考えられる。

同様に、不法行為の過失においては具体的結果についての予見可能性は必要なく、人の生命・身体に対して何らかの危害を及ぼすのではないかという一般的な不安、つまり危惧感があれば足りるとの見解をとれば、科学的不確実性に対する配慮は十分に可能となる。ただ、これによると予見可能性の範囲が大きく広がり、過失と無過失の相違が希薄になり、個人の活動の自由が脅かされるとの批判はありうる[32]。この点は、次の2（2）とも密接に関連する問題である。

なお、平穏生活権に基づく損害賠償については、福島原発事故の損害賠償に関して、紛争審査会中間指針が、自主避難者、滞在者に対する賠償として認めたということもでき、注目されるところであるが、この点については別稿に記した[33]。

---

(32) ちなみに、過失の定式を示した東京スモン判決（東京地判昭和53・8・3判時899号48頁）は、709条の過失を結果回避義務として捉え、適正な回避措置を期待しうる前提として予見義務に裏付けられた予見可能性の存在を必要とするとの基本的態度を示したうえ、このような予見可能性の程度としては、人の身体生命に対する単なる危惧感では足りず、反面、衡平の見地からある程度その内容を抽象化し予見の幅を緩やかに解するのが相当であるとした。そして、本件について予見すべき症状の範囲としては、スモンが臨床、病理の両面において神経障害を主徴とすることに鑑み、少なくとも神経障害の範囲に限定すべきであるが、右神経障害の枠内での認識し得た副作用と具体的なスモン症状との間の齟齬は、予見可能性の存否の判断に影響しないとした。また、販売後には副作用情報を収集し、予見義務の履行として副作用の存在又はその強い疑惑を把握したときは、副作用の重篤度、発生頻度、治癒の可能性、医薬品の治療上の価値等を総合的に検討し、情報の公表、指示・警告、販売停止、全面回収等の適切な結果回避措置を講じなければならないとした。

(33) 大塚直「福島第一原子力発電所事故による損害賠償」高橋滋＝大塚直編『震災・原発事故と環境法』（2013、民事法研究会）86頁以下。

2 具体的危険性とは何か

(1) 差止めにおける具体的危険性――予防的科学訴訟について

予防的科学訴訟の差止において、女川原発差止訴訟第1審判決は、具体的危険性とは、①社会観念上無視しえない程度を超える危険性があることとしており、その後の多くの裁判例もこの立場を採用してきた。すなわち、これは危険ないしリスクを≪侵害発生の可能性×（それが発生したときの）重大性の程度≫としてとらえる発想に基づくものである[34]。

もっとも、裁判例においては、その後、「危険性を社会観念上無視しうる程度に小さいものに保つこと」を求める立場とは異なる立場が現れてきた。すなわち、②「万が一の危険」も具体的危険とする立場（大飯原発差止訴訟第1審判決）、③現在の科学技術水準を採用している限り具体的危険はないとする立場（川内原発差止訴訟即時抗告事件決定）である。なお、考え方としては、④行政基準を遵守していれば具体的危険はないとする立場もありえよう（この立場に近いと見られる浜岡原発差止訴訟判決〔静岡地判平成19・10・26〕においても、原告が国の規制では施設の安全性が確保されないことを主張立証することを認めており、このような裁判例は厳密には存在しない）[35]。

さらに、裁判例にはないが、次の立場を追加できよう。⑤現在の科学技術水準に加え、科学的不確実性の程度を踏まえつつ、損害発生の可能性と（発生した場合の）損害の重大性を考え、合理性の有無によって具体的危険性を判断する立場（平穏生活権の再構成）、⑥危険性について通常人が不安を感じないことをもって具体的危険性がないとする立場（通常の平穏生活権の議論）である。

このうち、②は、ゼロリスクを要求することとなる可能性が高く、そうすると、およそあらゆる原発は当然に差し止められることになるが、これ自体は民主的に選択されるべき問題であり、裁判所の判断としては行き過ぎる可

---

(34) 大塚・前出注（8）551頁。
(35) なお、前掲大津地決は、手続的に（証明の方式によって）判断する立場を採用したということもできよう。このように、伊方型アプローチを採用した裁判例は、①のほか、③、④に分かれることが注目される。

能性がある。

　③については、現在の科学水準に適合しているからといって、科学的不確実性が残されている場合に、操業するのが合理的か否かはまさに検討されるべき課題ではないか。科学的不確実性の程度を踏まえつつ、損害発生の可能性と（発生した場合の）損害の重大性を考え、差止をすべきかを検討する余地は、裁判所に残しておくべきではないか。さらに、この立場だと安全目標を達成しないことが明らかであっても、現在の科学技術水準を満たせば具体的危険はないこととなってしまうのであり、極めて問題のある考え方であるといえよう。この点を敷衍すると、要するに、原発の稼働は当然の前提としつつ、現在の科学技術水準を満たすことを要請する（差止はまずありえないことになる）のか、それとも原発の稼働に関して周辺住民の人格権侵害を防止するために不合理なリスクがないことの確認義務を原子力事業者に課するのか、換言すれば、技術ベースの考え方を採用するのか、それともリスクベースの考え方を採用するのかという相違であるといえよう。──行政訴訟においては炉規制法や原子力基本法の目的との関係で原発の利用に対する配慮がなされることを前提として差止の成否が判断されることになり、技術ベースの考え方に親近性があるが──少なくとも人格権侵害の防止を基礎とする民事訴訟の判断の方式は、リスクベースの考え方を採用すべきである。この点は行政訴訟と民事訴訟の相違点というべきである[36]。

　④については、公害等の民事差止訴訟一般においては、行政基準との関係で、行政基準は一般的に基準を定めるのに対し、民事差止訴訟では個別事件における判断をするため、行政基準に違反する場合には民事差止が認められるのが通常であるが、行政基準に違反しない場合であっても、民事差止が認められないとは限らないとされる[37]。原発については原子力規制委員会が個々の原子炉について規制基準に適合するか否かを審査しているため、問題状況はやや異なるが、規制基準の根拠である炉規制法（1条）が基礎とする

---

(36)　大塚直「原発の稼働による危険に対する民事差止訴訟について」環境法研究5号（信山社、2016）103頁。なお、裁判所による鑑定や鑑定の嘱託の活用の必要について、高橋滋「原子力法の問題」環境法研究5号126頁、大塚・前掲論文111頁注（41）、112頁。

(37)　大塚・前出注（22）328頁。

原子力基本法（1条）が、原子力利用の推進を目的としていることから、民事差止訴訟の基準の方が厳格になる可能性を有しているため、結論は公害等の場合と同様と解すべきである。

　この点に関して、筆者はかつて、行政基準に対する敬譲は必要であり、その点で（行政基準を無視して判断する）大飯原発差止判決には問題があるが、一方で、民事訴訟においても行政基準に全く追随するのでは意味がなく、両極端の立場をとらない判断枠組が必要である旨を述べた[38]。今でもその立場に変更の必要は認めないが、その後の議論の展開に対応して若干の指摘をしておく。この点について、行政基準を重視し、特に法規命令の外部効果として（民事訴訟においても）裁判所がそれを「適用す」べきであると説く見解がみられるが[39]、これに対しては、原子力規制委員会の規制基準の多くについては、法規命令の下位の内規やさらに学会等の民間規格（学協会規格）が用いられており（基準地震動はその例である）、これらは法規命令とは言い難く、民事訴訟を拘束する根拠にならないこと[40]、法規命令に当たる場合についても、法規命令は法律に基づいて授権された範囲で、行政主体と私人の権利義務関係を規律するにすぎないのであり、新規制基準に基づいてなされる許可の適法性を巡る紛争を超えて、周辺住民と設置者との間の民事上の請求権をも規律する効果を生ずる法的根拠は存在しないこと、そのような主張は法律に基づく行政の原理に反するもの[41]といえよう[42][43]。

　⑥は通常人の不安感のみで差止を認めることになり、上述したところから採用できない。

　不安感を直接に扱うことは避けつつ、リスクベースの考え方を採用するも

---

(38)　大塚・前出注（1）法教410号92頁、同「高浜原発再稼働差止仮処分決定及び川内原発再稼働仮処分決定の意義と課題」環境法研究3号（2015）54頁。

(39)　高木・前出注（2）30頁。

(40)　下山憲治「原子力規制の変革と課題」環境法研究5号（2016）13頁以下。

(41)　福田健治「原子力規制制度改革は民事差止訴訟に影響を与えるのか」環境法研究5号（2016）81頁。

(42)　この点は、炉規制法の改正によって、原子力規制委員会が法律（国家行政組織法）に基づく3条委員会として基準を策定するようになったとしても、変わらない点であるといえよう。

(43)　なお、詳細については大塚・前出注（36）104頁。

のとして⑤が適当であると考えられる。もっとも、⑤において、個々の原発について、科学的不確実性の程度、損害発生の可能性、（発生した場合の）損害の重大性の程度を正確に算定することは困難であるが、これについては、上述した、相当程度の可能性アプローチの証明の方式を採用し、さらに、安全目標を１つの指標として判断することが適当であるといえよう。

(2) 損害賠償における具体的危険性

上述したように、近時、中原准教授は、過失の具体的内容を３つに類型化し、③抽象的危険の段階での結果回避義務違反（ないし結果回避義務としての予見義務違反）について、抽象的危険の段階での結果回避義務まで至る場合には──たとえ行為の時点で危険性の科学的証明が不可能であった場合でも──結果発生の「予防」が要請されるとする（Ⅲ（3））。従来裁判例上過失として認められてきたのは①と②のみであり、③をどのように扱うかがまさに大問題であるといえよう。③を一般的に過失責任として認めるときは、中原准教授が指摘するように、過失責任と無過失責任の相違が不分明になるという結果をもたらすことになるのであり、その点からは③を過失責任として一般的に認めることは困難であるとともに、行為者の行動の自由を大きく阻害するであろう。

この点に関しては、前述した（行為時に科学的不確実性があった）熊本水俣病第１次訴訟判決、中国製ストーブ事件判決、ホルムアルデヒド建材事件判決のいずれも、自ら排出、販売するものについての予見義務を介在させて、結果回避義務違反を導いていることに注意する必要がある。未知の危険として、当初におけるHIVを含む血液の輸血による損害に対してどうするかの問題はあるが（厳密には予防原則の問題を超えるが）、熊本水俣病も同様の問題状況であった。高度に危険な活動に従事する場合、自ら排出、販売するもの等に限っては、科学的不確実性があっても、予見義務の不履行を媒介として、結果回避義務違反を導き、過失を認めることが考えられる。

一般に、高度の危険性を有する企業活動、生命・健康と直接関連する医療活動、薬品製造販売活動等においては、過失の予見可能性の判断において高度の予見義務が課されるべきであるが、その具体的内容は、公害、労働災害、未同定・未規制化学物質による化学物質過敏症、携帯電話中継アンテ

ナ、原発、医療事故、薬害事故などのそれぞれの問題類型において検討されるべきである。その際、①通常操業でも発生する問題（公害型）と、事故型では異なるし、②薬害については、薬品に副作用が存在することは常に認めざるを得ないが、（被害者ともなり得る）患者に対する有効性が存在するのが一般であるため、ハンドの定式が問題なく用いられる点でほかの場合とはやや異なるといえよう。①の公害型については、工場・事業場等の通常操業の際に自ら発生させるものであれば、その排出物がもたらしうる被害については被告において予め調査する義務があり、またそのような調査は被告にとっても比較的容易なはずであり、予見可能性もこの予見義務に裏付けられたものであるといえよう。

3 予防的科学差止訴訟における具体的危険性の証明の方式

次に、予防的科学差止訴訟における具体的危険性の証明の方式が問題となる。この点についてはすでに別稿[44]で触れたのでごく簡単に記すにとどめる。

第1に、伊方型アプローチにせよ、相当程度の可能性アプローチにせよ、原発差止訴訟においては、原告の証明負担の緩和を図る趣旨で通常と異なる証明の方式がとられているが、その理由はどこにあるかを整理しておきたい。これについては、a 不安、科学的不確実性のある危険を作り出しているのは被告であること、b 被告側の証拠の偏在、c（事故が発生した場合の）周辺住民の生命・健康侵害のおそれをあげることができよう。

第2に、今日まで採用されている伊方型の証明方式を打ち出した女川原発差止第1審判決は、2つの側面を有していたことである。すなわち、①原告の証明負担の緩和の側面と、②具体的危険性に関する司法判断の形骸化（行政判断の追随）の可能性を生むという側面である（浜岡原発差止訴訟判決はこれに近い立場を打ち出した）。これに対し、高浜3・4号機原発仮処分決定（前掲大津地決）は、伊方型を用いつつ、実質的な司法判断を行い、その形骸化を拒絶した。②を徹底すれば当然①は満たされないのであり、どちらに重

---

(44) 大塚・前出注（8）541頁以下、同・前出注（10）139頁以下。

点をおくかは裁判例によるのである（高浜3・4号機原発差止訴訟決定は①を重視し、浜岡原発差止訴訟判決は②を重視したといえる）。

第3に、伊方型アプローチと相当程度の可能性アプローチではどちらが優れているか。すでに別稿[(45)]で記したように、伊方型アプローチは、被告に証拠提出義務か訴訟活動の前提構築義務を課するに過ぎないため、原告の証明の負担の緩和に殆どならない傾向がある（高浜3・4号機原発差止訴訟決定は、例外的な裁判例である）。これに対し、相当程度の可能性アプローチは、証拠の偏在の中で原告の証明の負担を緩和するものとして有益であり、科学的不確実性に対処したものといえよう。

ただ、科学的に不確実な問題であることから、「相当程度の可能性アプローチ」においても、被告にとって不可能な証明を要求するものであってはならない。この観点からは、志賀原発差止訴訟第1審判決における原告の証明命題はほぼ適切であると考えるが、被告の証明命題については、上述したように、「不合理なリスクがないことについて確認（証明）する」とするのが適当であると思われる。「不合理なリスクがないことの証明」とは、具体的には、「安全目標を超える事故の危険性がないことについての証明」と考えられること、前述したとおりである。

なお、これらの証明の方式については、伊方型アプローチだと原告が敗訴し、相当程度の可能性アプローチだと勝訴するというものではないし、そうあるべきでもない。高浜3・4号機原発差止訴訟決定は、伊方型アプローチを採用しつつ、原告を勝訴させており、この点を明らかにしたものといえよう。

4　相当程度の可能性に基づく部分的賠償の可能性

この点に関しては、水俣病未認定患者についての、相当程度の可能性に基づく部分的賠償に触れたが、これに関連して、医療事故における相当程度の可能性侵害に関する最高裁判決（最判平成12・9・22民集54巻7号2574頁等）が問題となる。本判決は、これを新たな権利利益侵害（法益侵害）として構

---

(45)　大塚・前出注（36）110頁。

成していると解されるが(46)、最高裁が医療事故のケースでこのような法益を認めた要素としては、a 最終的な法益が生命ないし重大な後遺症を受けないという基本的利益であること、b 医師に高度の注意義務が課されていること、c 当該事件において医療技術的な不確実性があることの3点をあげることができる。これら3要素をみてみると、上記の水俣病未認定患者による訴訟の裁判例における損害は、a は満たし、c については科学的・医療的な不確実性が問題とされる点で類似しているといえよう。b については——医師ではないが——化学工場に高度の注意義務を課することは上述した熊本水俣病第1次訴訟判決でも指摘されているところである(47)。このように考えると、科学的不確実性を残している汚染被害者についても、最高裁の生存の相当程度の可能性侵害という新たな法益侵害を構成する考え方を推し進める余地があると考えられる。

 もっとも、c を科学的不確実性に置き換えてよいか、科学的不確実性と医療技術的不確実性の相違は法的にどのような影響を及ぼすかという問題がある。また、(医師のように)契約に基づく義務や(警察官のように)公法上の義務が問題となる場合(48)と、汚染に対する一般的な私法上の義務(不法行為法上の義務)が問題となる場合の相違をどの程度重視すべきか、という問題はあり、この点については残された課題としたい(49)(50)。

---

(46) なお、最判平成12・9・22を中心とする最高裁の一連の判決は、権利利益侵害要件よりも因果関係要件や確率的心証論を問題としたものと理解する余地もあるが、ここでは同判決の文言を尊重した解釈を一応の前提とする(この点の最近の文献として、石橋・前出注(12) 135頁以下)。

(47) 中原太郎「機会の喪失論の現状と課題・1」法時82巻11号(2010)98頁参照。同論文とは、〔本文の〕a を重視したこと、医療技術の不確実性と水俣病の医療的な認定に関する一種の科学的不確実性のケースは類似していると考える点等が異なっている。

(48) ストーカー被害の後殺害された事件で、被害者女性の遺族が警察に生前再三相談していたにもかかわらず、警察が適切な権限行使をしなかった場合について、警察が適切な権限行使をしていたならば、被害者がなお生存していた相当程度の可能性が証明されるときは、国賠法1条1項に基づく損害賠償を求めうるとしたものとして、神戸地判平16・2・24判時1959号52頁。

(49) なお、冒頭において、科学的不確実性は主に「②リスクは知られているが、その存在・

V　科学的不確実性の取り扱いに関する日仏比較

　最後に、科学的不確実性の扱いに関する日仏の異同について簡単に触れておきたい。
　(1) 両者の類似点は、少なくない。第1に、科学的不確実性の最大問題は予防＝差止めであり、調査が重要であることについては一致していると考えられる。第2に、学説において根源的権利（わが国では平穏生活権）が注目されている点も類似しているといえよう。
　(2) 他方、相違点も少なくない。第1に、予防原則に関する環境憲章の規定（5条）がフランスにはあるが、わが国にはないことである。この点は、破毀院が予防原則を私人間に適用される規範として援用することを肯定していることとも関連する。もっとも、フランスでは、憲法価値の最高規範性とともに、解釈について事実審裁判官の専権が認められている点が科学的不確実性に関する下級審裁判例の背景にあり、この点の日仏の相違を過大視する必要はないであろう。
　第2に、フランスでは、行政庁が許可を発給した施設等について司法裁判所による民事差止めが制限されており、この点は、行政庁が許可を発給していても民事差止めが可能であるとするわが国とは決定的な相違がある。この点の相違については、行政裁判所の存否も関連しているといえよう。
　(2) 結局、損害賠償については一定の類似性を見いだせるが、差止めについては——(1)の第2点は類似しているものの——わが国では行政庁の許可を得た施設に対しても民事上の差止が可能である点が、フランスとの最大の相違点であるといえよう。

　　程度についてリスク評価者の間に合意（大勢を決するもの）がなく、科学者において支配的な見解がない場合」であるが、「③リスクについて定量的評価がなされているが、損害の発生について十分な蓋然性がない場合」も、訴訟では付随して問題となり得るとした。相当程度の可能性侵害理論によって賠償できるのは主に③であり、②の場合には控えめな算定をすることとなろう。
　(50)　他方、因果関係についての証明責任の転換は基本的には困難である。なお、相当程度の可能性侵害理論とは別に、裁判所が因果関係の事実上の推定を用いることは当然ありうる。

第2部　原子力被害の取扱いに関する比較検討

3　フランスにおける原子力事故被害の取扱い

マリー・ラムルゥ
訳：大澤逸平

Ⅰ　賠償の対象となる原子力被害の拡大
　　A）　現行法：原子力被害の定義の欠落
　　B）　将来の法：賠償の対象となる原子力被害の類型化
Ⅱ　原子力被害の賠償実現への障害
　　A）　賠償の上限と保険による保障範囲の限界
　　B）　時間上及び証明上の限界

　原子力被害（dommage nucléaire）の概念は、必ずしもこのような形で常に呼ばれているわけではないが、間違いなく、原子力法の核心をなしている。というのも、幸いにして原子力被害が発生することは稀であるとしても、かかる被害の脅威は、原子力産業に対するあらゆる検討の中心にあり、今日、原子力法それ自体がかかる検討の投影なのである。たとえば、もともと原子力法は、時代の最先端を行く新しい工業分野の発展についていくための法であると理解されていたが、〔今日においては〕もはやそのほとんどは「リスクの法（droit du risque）」の一部となっており、その第一の目的は原子力リスクの実現、すなわち原子力被害の発生を防止するために適切な規律を定める点にある[1]。原子力法の柱をなす原子力安全（sécurité nucléaire）の法律上の定義や、原子力安全確保措置（sûreté nucléaire）から始まる原子力安全

　（1）　原子力法における観点が漸次変わってきたことについては、*Droit nucléaire, le contentieux du nucléaire*, sous la direction de J.-M. Pontier et E. Roux, PUAM, 2011, p. 261 et s. におけるレジェ（Léger）教授の総括的発言をとりわけ参照のこと。

の諸構成要素を読むだけで、原子力法において原子力被害の予防が占めている位置を理解するのに十分である[2]。もっとも、われわれが本稿で関心を寄せるのは、このような予防的なアプローチではない。われわれが検討するのは、実際に事故が発生したときにそこから生じる原子力被害の取り扱い、言い換えれば原子力リスクが現実化してしまった場合である。というのも、たしかに原子力分野においては他の分野においてよりもさらに、被害発生の防止が最重要課題であることは当然であるとしても、事故の発生を回避することができなかった場合には、原子力被害の賠償をつかさどる規律の妥当性を検討する必要があるからである。

フランス法においては、原子力被害の賠償は民事責任法の特別法に根拠がある。もっとも、真っ先に指摘しておかなければならないのは、原子力分野における特別な枠組みの必要性はかなり早くから承認されていたとしても、それは主として、原子力被害の特殊性を理由としていたという点である。かかる特殊性とは、第一に、原子力被害が非常に多様であることであり、身体、精神、経済的、さらには環境に関する被害が結びついていることである。また、それらの被害の中にも特異な点があり、たとえば放射能を原因とする可能性がある人身損害については手強い因果関係の問題が控えている。さらに別の特殊性は、とりわけ、原子力事故から引き起こされる可能性のある被害の数がかなりの多数に上ることである。この点において、原子力事故は他のどの事故、いかなる工業上の悲劇にも比肩するものがなく、大規模な原子力事故の場合においてあり得る損害が巨大であることが特別な対応を必要とすることは殆ど疑いないところである（もっとも、後述のように、現行の特別な責任制度がかかる問題について適切に応答しているかは定かではない）。

原子力被害は，同様にその特徴として、国境にかかわらず広がるものであるから、以下の点も想起しなければならない。すなわち、フランスの民事原

（2） 環境法典 L.591-1 条参照。かかる定義は、原子力分野における透明性と安全性に関する2006年6月13日法第2006-686号に根拠を持つものである。同法はフランス原子力法における「枠法文（texte cadre）」であり、爾来環境法典に組み込まれている。とりわけ原子力安全確保措置とは、「原子力事故の発生及びその影響の限局のための、基本的な原子力施設の設計、製造、運転、停止及び解体並びに放射性物質の輸送に関する技術的措置及び組織的対策の全体」と定義されている。

子力損害賠償責任法は何よりもまずフランスが加盟する国際条約の帰結という性質を有しており、それをいくつかの国内法が補完しているということである。実際、民事原子力損害賠償責任に関するいくつかの国際的枠組みが批准されており、そのなかには、フランスが参加するいわゆる「パリ＝ブリュッセル」制度も含まれる。この制度は、二つの国際条約を根拠としている。ひとつは原子力エネルギー分野における民事責任に関する1960年7月29日のパリ条約であり、もうひとつは加盟国の負担による補完的補償を規定する1963年1月31日のブリュッセル補足条約である。この二つの条約はいくつかの修正的議定書の対象となっており、とりわけ2004年2月12日の〔二つの、つまりパリ条約とブリュッセル条約の両者を対象とする〕議定書は、必要な批准国数に達していないためにまだ発効していない[3]ものの、これが規定する修正は、とりわけ賠償されうる損害の性質という中心的な課題に関するものとして重要であるから本稿で検討の対象とするのが適当であろう。

しかし、問題の核心、すなわち原子力事故被害の取り扱いという問題に入る前に、この問題を法的文脈のなかに復元し、民事原子力損害賠償責任に関する国際的枠組みについて簡単にまとめておくのが有益だろう。かかる枠組みは、すでに確立されたいくつかの原則によるが、それらの原則の多くが他の国際的システムに見いだすことができる一方、国内の民事原子力損害賠償責任に関する制度にも見いだしうる。これらの大原則は、両立しがたい二つの大きな目的の間の妥協の産物である。すなわち、一方で一般民事責任法よりも被害者の境遇を向上させ、他方で民間の原子力産業の発展を促進する、あるいは少なくとも過度に抑制しないことである[4]。

かかる大原則は、以下のように要約することができる。民事原子力損害賠償責任は客観的・集中的・制限的な責任制度である。第一に、客観的責任であるというのは、この責任が創出されたリスク（risque créé）に基づく責任

---

(3) フランスは、エネルギー分野における民事責任に関する国際的合意を承認する2006年7月5日法第2006-786号によって、2004年2月12日の議定書の批准を承認した。

(4) 原子力エネルギー分野における民事責任に関するパリ条約の前文がまさに、このような方向である。すなわち、加盟国政府は「平和利用目的の原子力エネルギーの創出及び利用の発展を阻害することを避けるために必要な措置をとりつつ原子力事故によって生じる被害を受けた者に適切かつ公正な賠償を確保することを欲した」、とする。

のおそらく最も先進的な例証であって、これはフォートに基づかない責任であり、かつ一般法に比べて免責理由が大幅に制限されているということである[5]。ここでは、一般法上の立証されたフォートに基づく責任を排除することは不可避である。というのも、技術性が高度で情報へのアクセスが容易ではない分野において、賠償のために事故原因にフォートが存在することが必要であるとすれば、被害者は証明に関する乗り越えられない障害に直面することとなるからである。次に、集中的責任であるというのは、責任が原子力施設の運営者（exploitant）のみに集中するというものである（したがって建設者や資材の供給者は責任主体から除外される）。これは被害者の訴訟を容易にするという意味で第一の原則を補完するものであるが、保険の能力を限られた数の主体に集中させることで原子力産業の便宜を図ることをも目的としている[6]。最後に、制限的責任というのは、施設運営者のみが責任を負い、かつ施設運営者の責任には上限があってこれを超える部分は免責されるということである。前述したように、民事原子力損害賠償責任に関する国際条約は両立しがたい二つの目的の間の妥協の産物である。すなわち、被害者への補償という論理が究極まで推し進められたわけでは決してない。無限の責任、言い換えれば保険によって無限にカバーされることを義務づけたとすれば、原子力産業の発展という目的を危機にさらすことになったであろう。というのも、リスクの巨大さに鑑みれば、いかなる主体（運営者ないし保険者）も、その負担に耐えられないからである。

　かかる二律背反は、フランスにおける原子力被害の扱いという問題をより詳細に検討したときに確認される。かかる問題は、検討を二段階に分けることを示唆する。第一は賠償の対象となる被害の範囲の画定の問題であり、第二は実効的な賠償のあり方の問題である。ここで、仮に賠償される被害の範囲が、その原則において被害者にとって有利な進展を見ているとしても

（5）　この点についてはとりわけ参照、*Après Fukushima, regards juridiques franco-japonais*, sous la direction de M. Boutonnet, préf. C. Lepage, PUAM, 2014. とりわけ日本法については T. Awaji, L'accident nucléaire de Fukushima et la responsabilité de l'exploitant et de l'Etat, p. 23, フランス法については M. Lamoureux, La responsabilité de l'Etat et de l'exploitant nucléaire, un point de vue français, p. 31.
（6）　この点についてはパリ条約の理由書第15項を参照。

(I)、他方で、賠償を求める権利を実現する際には多くの障害が残っており、これらは原子力被害の実効的かつ包括的な回復を阻害するものとなりうる(II)。

I　賠償の対象となる原子力被害の拡大

　そのような次第で、第一の問題は、いかなるカテゴリーの被害が、民事原子力損害賠償責任における賠償の対象となる原子力被害であるとされるのか、という問題である。この点については、全体的な動きとして、賠償の対象となる原子力被害の概念の明確化と拡大を見いだすことができる。かかる動きは、以下の検討から確認されるだろう。まず現行法の状況だが、これは1960年7月29日のパリ条約（A）、及びそれに続く2004年2月12日の議定書（B）の帰結である。

A)　現行法：原子力被害の定義の欠落

　概略的に言えば、パリ条約は原子力事故によって生じた原子力被害に適用される[7]（被害と事故との間の因果関係についてのみ立証される必要がある[8]が、前述のようにフォートに基づかない責任であるため、フォートと被害との因果関係の立証は不要である）。もっとも、パリ条約第3条は、〔賠償の対象となる〕被害についてほとんど述べていない。同条〔1項〕は、原子力施設の運営者が「個人に生じたあらゆる被害と財に生じたあらゆる被害」について責任を負うものとしつつ、さらにいくつかの例外、とりわけ、「〔当該運営者

---

(7)　このことはパリ条約においては次のように定義されている。「損害を生じさせたあらゆる事象ないし同一の原因を持つ一連の事象であって、これらの事象ないし被害が、放射性物質が単独で、あるいは放射性物質と他の毒物、爆発物、その他放射性燃料や放射性製造物・廃棄物といった危険物が同時に原因となって生じた場合」（1条）。

(8)　原子力エネルギー分野の民事責任に関するパリ条約は、第3条で次のように規定している。「原子力施設の運営者は本条約に適合する形で以下のような責任を負う：a) 個人に生じたあらゆる被害、及びb) 財に生じたあらゆる被害（中略）、ただしその被害が当該施設の中で生じた、ないし当該施設に由来する放射性物質を利用して生じた原子力事故との因果関係が証明されなければならない」。

の運営にかかる〕原子力施設そのもの及びその敷地にあるその他の原子力施設（建設中のものも含む）〔への被害〕」についての例外を明言するのみである。

かくして、以上の定式は古典的であるとともに曖昧であって、個人に対する被害や財に対する被害についていかなる定義や類型も与えられていない。たしかに、かかる定式は、古典的に斟酌されてきた人身損害などの被害については困難を生じないとしても、他のカテゴリーの被害については多数の問題を生じる。とりわけ賠償されるべき経済的被害や精神的被害の性質についての問題であるし、環境被害についてももちろん問題となる。

もっとも、ここで指摘しておくべきなのは、パリ条約の起草者は、一定のカテゴリーの被害を除外しようとしたのではなく、各国法の多様性に鑑み、個人への被害や財への被害という概念の定義を各国法にゆだねたということである[9]。結果として、民事責任法における、より一般的な立法上・判例上の進行は、これが原子力事故へ適用されるに当たっては、このように当該訴訟を担当する国内裁判官に条約解釈権限があることによって、やや行き過ぎたものとなりうる。

その一例を、精神的損害に関するものからとってみよう。とりわけ、不安感の損害（préjudice d'anxiété）が話題としてふさわしいであろう。これについて想起されるのは、破毀院が、従業員がアスベストに暴露されたことによる不安感の特異的な損害を認め、アスベストに関連する疾患を発症するかもしれないという危険に直面したことで形成された不安感について賠償を認めたことである[10]。ここからのアナロジーとして、放射性物質に暴露されたことによる不安感の損害についても認められ得る、とすることもできるかもしれない（しかも、アスベスト関係の訴訟では従業員が問題となっていたが、そ

---

(9) パリ条約の理由書は、かかる意図についていかなる疑義も残さないものである。その説明によれば、「ヨーロッパ諸国の民事責任に関する立法上・判例上の規律が多様であることを前提とすれば、各国法に従って個人ないし財に対する被害がどのようなものと考えられるかを決し、どこまでの賠償が与えられるべきかを画する権限を、当該事件を担当する裁判所にゆだねることとした」。

(10) とりわけ参照、Cass. Soc., 11 mai 2010, n° 09-42.241 et 09-42.257, Bull. civ. V, n° 106, C. Corgas-Bernard, Le préjudice d'angoisse, quel avenir ?, *Resp. civ. et assur.* 2010, étude 4.

れ以外の事案にも射程が及びうる）。かかる損害を認めれば、さらに、次のような問題をも引き起こすであろう。すなわち、放射性物質に起因する疾患の発症に時間がかかり、しかもそれがしばしばかなり長い期間を要することに伴う困難や、損害と原子力事故との間の因果関係を確証するための証明の困難である[11]。かかる損害の賠償を認めることは少なくとも、将来において実際に病理上〔確定的な〕診断が下されるかどうかは不確定であるところ、かかる診断に先立つ期間において放射性物質に暴露されることによる疾患を発症することへのリスクを賠償することを認めるものとなろう。かかる損害は、一定の範囲で、リスクにさらされたことから推定されるものとなるかもしれない[12]。

また、〔パリ条約によれば〕純粋経済損害や環境損害が国内法の制限の範囲内で賠償されうるところ、たとえば、環境損害に関するフランス判例法のより一般的な進展が、原子力分野にも適用されることも、同様の意味で想像しうる。もっとも、純粋環境損害については[13]、かかる解決をとるためには、パリ条約についてかなり拡張的な解釈をしなければ認められないことも確かである。この場合〔前述のパリ条約3条における〕「個人ないし財に対する被害」という概念についていくらか自由な解釈をすることとなるが、他方でかかる解釈は純粋環境損害という概念それ自体と矛盾してしまう。純粋環境損害は、環境それ自体を損害と捉えるものであって、人（肉体、魂ないし財産）が被った損害とは独立のものと観念されているからである。かかる解釈は不可能ではないだろうが、パリ条約の起草者の意思を反映したものではないだろう。加えて、環境被害について言えば、原子力被害が明確に、

---

(11) 後述のII-B参照。

(12) 今日の判例は、アスベストに暴露されたことから生じる不安感の損害に関する訴訟において、かかる方向に行っている。すなわち、不安感の存在を証明する必要は無く、リスクにさらされたことをもって係る不安感の存在を推定するという。Cass. Soc., 2 avril 2014, n° 12-29.825, *Bull. civ.* V, n° 95.

(13) これについては、Cass. Crim., 25 sept. 2012, n° 10-82.938, *D.* 2012, p. 2673, obs. L. Neyret, p. 2711, note Ph. Delebecque, et p. 2557, obs. F.-G. Trébulle ; L. Neyret et G.-J. Martin (dir.), *Nomenclature des préjudices environnementaux*, LGDJ, 2012 ; V. Ravit et O. Sutterlin, Réflexions sur le préjudice écologique « pur », *D.* 2012, p. 2675 をとりわけ参照。

2004年4月21日指令⁽¹⁴⁾にもとづくヨーロッパレベルの環境責任制度の範囲外であるとされていることも想起されるだろう。

B) 将来の法：賠償の対象となる原子力被害の類型化

指摘しておかなければならないのは、現に効力のあるパリ条約の文言は多様な解釈を受け入れるものであるとしても、賠償の対象となる損害の決定を各国法に暗黙のうちにゆだねることは民事原子力損害賠償責任のハーモニゼーションという目的を実現するに当たっては適切ではないことである。もっとも、この点については、2004年2月12日議定書によって大幅な進展をみている。同議定書は、原子力被害の概念を明確化し、より精密な類型論を提示している。

たとえば、パリ条約1条は、前記議定書による改正の結果、原子力被害について次のように定義する。すなわち原子力被害とは、

1．人の死亡及び傷害
2．財の喪失及び毀損；並びに管轄裁判所の法が定める限りにおける次号以下の範囲のもの
3．1号及び2号が定める喪失ないし毀損につき損害賠償請求をすることができる者が被った、かかる喪失ないし毀損から生じるあらゆる無形的〔経済的〕損害であって、これは前2号が定めたものかどうかを問わない⁽¹⁵⁾
4．破壊された環境の回復措置に要する費用であって、かかる措置が実際に行われたか行われるべきものであり、かつ2号に定める範囲に含まれないもの。ただし、環境の破壊が些少なものである場合は除く
5．環境の重大な破壊によって生じた、当該環境の利用ないし享受と直接関係のある、あらゆる得べかりし利益の喪失であって、2号に含まれないもの⁽¹⁶⁾

---

(14) Directive 2004/35/CE du Parlement européen et du Conseil de l'Union européenne du 21 avril 2004 sur la responsabilité environnementale en ce qui concerne la prévention et la réparation des dommages environnementaux, JOUE 2004, n° L 143, p. 56.

(15) 例えば、疾患による収入の喪失、汚染された作物を廃棄した事による農家の収入の喪失、単に製造会社を閉鎖したことだけによる収入の喪失など。

(16) すなわち、非物質的損害ないし純粋経済損害であり、被害者の財に対する被害とは結びつかない被害である。例えば、魚の汚染によって経済的損害を被る漁業者や、汚染された海

6．防止措置の費用及びかかる防止措置により生じるあらゆる損失ないし毀損

　全般的に、〔ここには〕明確化の志向が発現していることに気がつくが、これは賠償の対象となりうる原子力被害を拡大する志向と結びついている。ここからは、賠償される原子力被害について真の意味での類型化が導かれるのであり、これによって現行条約が引き起こしうる曖昧さや多様な解釈が取り除かれる。加えて、国際協調という観点から指摘しうるのは、現行の〔パリ〕条約と比較して管轄裁判所の法にゆだねられる範囲が狭められていることである。すなわち、リストに掲げられた被害のすべてが賠償の対象となるのであり、裁判所はその量を算定する権限《のみ》を有することとなる。〔この点について〕かかる定義に用いられている文言は明瞭である[17]。

　基底的なものとして、個人ないし財への被害という古典的な被害が現在でも存在し続けていることは言うまでもない。大きな動きは、そこから生じる環境被害ないし経済的被害を明確に承認する、という点にある[18]。たしかに、現行のパリ条約の法文を読むにあたって、環境被害の存在が必ずしも明確に不可欠の与件となっているわけではないが、以上のように、環境被害は特記すべき形で承認されており、しかもこのことは、より一般的な動きとして、原子力法に環境問題が漸次組み入れられてきたことのあらわれなのである[19]。

　　　岸で営業活動を行う、旅館経営者などの商人がこれにあたる。もっとも、後述の通り、法文はかかる損害項目が認められる場合を条件付けている。
(17)　〔2項は〕「管轄裁判所の法が定める範囲において」と述べており、「管轄裁判所の法がこれらの損害項目を認めていれば」とは述べていない。同様の意味で参照、原子力被害における民事責任に関する1997年のウィーン条約の説明文書（IAEA, juillet 2004, p. 38-39）。これは、かかる点について、改正されたパリ条約と同様の仕方で法文化されている。
(18)　チェルノブイリ事故による影響をみたことが、賠償される原子力被害の概念の中にこれらの被害を明確に組み込もうとする意思に大きな影響を持ったことは当然のことである。かかる視点については、*Le droit nucléaire international après Tchernobyl*, OCDE, 2006, sp. J.A. Schwartz, Le droit international de la responsabilité civile nucléaire : l'après Tchernobyl, p. 41 et s., et N. Pelzer, Les dures leçons de l'expérience : l'accident de Tchernobyl a-t-il contribué à améliorer le droit nucléaire ?, p. 81 et s. をとりわけ参照。
(19)　これについては、S. Emmerechts, Droit de l'environnement et droit nucléaire : une symbiose croissante, *Bull. dr. nucl.* 2008, nº 82, p. 95 をとりわけ参照。

このように議定書の法文は環境被害〔の賠償〕を承認する一方で、かかる被害〔の賠償〕が認められるべき要件を枠づけている。このことは、たとえば、法文が、破壊された環境の回復費用の賠償を認めつつ、賠償のためには一定の水準を超えた破壊を要する（すなわち「些少な」破壊を除外している）としている点に見られる。回復措置の概念もそれ自体定義づけられており、賠償方法は合理的でかつ管轄する当局に承認された措置に限られている[20]。同様のことは、防止措置の費用の賠償についても言える[21]。すなわち、原子力被害を最小化するために行われる措置であってその主体を問わないが、合理的なものでなければならず、かつ一定の場合には管轄当局による承認を要する[22]。

　環境への侵害から生じる経済的損害についても同様に、承認されると同時に限定されている。環境の享受に関連する利益の喪失の賠償について、議定書は前述のように、あらゆる環境の使用ないし享受と直接関係のある利益の喪失のみが賠償の対象となり、かつかかる喪失は環境の重大な破壊から生じることを要するという限定がある[23]。

　これらの定義及び要件が、環境への侵害及びそこから生じる損害が賠償される要件を限界づけており、これらは各国の裁判官の関心に対して貴重な手引きを提供するものであるが、他方で彼らに無視できないほどの自由を残し

---

(20) 「回復措置とは、あらゆる合理的な措置であって、かかる措置が執られる国の管轄当局によって承認され、かつ毀損ないし破壊された環境要素を修復・回復し、あるいは、それが適切な場合には、かかる環境要素の等価物を持ち込む措置を指す。原子力被害が発生した国の法が、かかる措置を執る権限を有する主体を決する」（1条 a, viii））。

(21) 「防止措置とは、原子力事故ないし原子力被害が生じる重大かつ急迫の危険が生じた場合に、後記(a)(vii)が定める原子力被害を防止ないし最小限にとどめるために執られるあらゆる合理的な措置であってその主体を問わない。ただしかかる措置が執られる国の法において必要があるときは管轄当局の承認が必要となる」（1条 a, ix））。たとえば、ヨウ素の錠剤の服用や救助措置である。

(22) もっとも、賠償の対象となるためには、かかる措置が実効的なものであったことまでを法文は要求していない。

(23) かくして、環境の破壊は、実際に生じ、かつ重大なものでなければならず、噂や環境破壊のおそれが伝播しているだけの場合には、たとえば旅館やレストランなどの営業などについて来客が減っているとしても、その場合には実際に環境が破壊されていることが理由ではない以上、賠償の範囲外である。

ている。たとえば、諸概念の定義は依然としてかなり曖昧であって、また多くの部分を「合理的」措置というように規範的な概念に委ねている。かかる視点からすると、議定書の規定は環境責任に関する2004年指令の規定よりも曖昧である（前述のように、同指令は原子力事故の場合には適用できない）。もっとも、同指令とパリ条約とが、同一の結果に達するためのものなのかは定かではない。というのも、両者において環境への侵害が全く同一に定義されているわけではないし、また何よりも、両者を駆り立てる哲学と論理にはかなりの距離があるからである[24]。

　いずれにせよ、2004年の議定書による原子力被害の定義は、明白に原子力被害であると性質決定される一定の被害が賠償されるという原則について、少なくとも大幅に明確化する必要があるとともに、各国の裁判官や当局にとって有益となる詳細な説明を多く行うことが必要である。

II　原子力被害の賠償実現への障害

　もっとも、ある被害が原則として賠償される、ということだけでは十分でない。実際に賠償されるためにいかなる障害も立ちはだかることがない、ということまでが必要である。しかし、この点について、被害者の賠償に悪影響を及ぼす可能性のある限界は多い。もちろん〔以下の検討が〕網羅的であることを主張するものでないが、その主要な障害は、施設運営者の有限責任原則（A）、時効期間及証明の困難（B）である。

---

[24]　同指令は、環境それ自体〔の保護・回復〕を対象としており、汚染者負担原則を適用することで開発業者に一連の公法上の義務を課すものである。〔その一方で〕パリ条約は、環境への侵害〔と言う概念〕の存在を認めるが、これによって古典的な形で理解される民事責任制度を構築するものであり、私法との関係で、破壊された環境を回復する措置のために原告が支出した費用や環境を享受することで得られたはずの利益の喪失についての賠償を規定するにとどまっている。さらに言えば、パリ条約は開発業者の負担による現実賠償（réparation en nature）を規定せず、回復措置や防止措置の費用の賠償を規定するのみである。この問題については、N. Pelzer, Réflexions portant sur l'indemnisation et la réparation des dommages nucléaires à l'environnement, *Bull. dr. nucléaire* 2010/2, n° 86, p. 55 の比較考察をとりわけ参照のこと。

A) 賠償の上限と保険による保障範囲の限界

　原子力被害が実際に賠償されるかどうかという視角においてもっとも明白な限界は、当然のことながら、原子力施設の運営者につき責任額の上限が設けられていることであり、しかも改めて想起しなければならないのは、かかる責任が集中的なものであるということである。しかし、巨大な原子力事故を想定すれば、原子力施設運営者の責任額の上限は、明らかに非常に低く設定されている。というのも、現時点で上限は9100万ユーロあまりにとどまっているからである[25]。この点につき、2004年議定書は大幅な進展を規定した。というのも、同議定書では上限額を7億ユーロとしているからであり、この増額は、前述したように同議定書において賠償の対象となる損害が拡大したことによって正当化されている。もっとも、かかる大幅な増額があったとしても、ありうる賠償請求が多数に上る場面に直面したとき、この責任制度のために用いることができる資力がかなり不足する可能性があることは明らかである。福島の事故によって生じた被害に関する数字は、この点について雄弁に語っている。

　これらの金額の総額〔の大きさ〕は、民事原子力損害賠償責任の上限額が被害の可能性ないし蓋然性の大きさとは一致しないことも示している（かかる蓋然性を算定することは、無理とは言わないまでも難しい）。施設運営者が責任額の上限まで保険ないし他の金銭的保障に頼ることをパリ条約が要求していることを想起するならば[26]、かかる上限は保険市場の能力からくるもの

---

(25) 環境法典 L.597-28 条。
(26) パリ条約10条、環境法典 L.597-31 条。この点については、会計院が「原子力発電関連産業のコスト」についての報告（2012年1月、特に255頁）において指摘する不確かさも参照（「かかる保障は必ずしも制度上、法律によって定められている認可の対象となっておらず」、「かかる条約上の要求は、実際にはフランスにおいては遵守されていない。保険の管理下にあること（国庫による一般的管理）は民事原子力損害賠償責任の保障に関して必ずしも当然に〔国による〕認可をもたらすわけではない。つまり、施設運営者によって講じられている金銭的保障の信頼性を確証することは実際上不可能である。ここでの金銭的メカニズムの複雑性に鑑みれば、賠償金の支払いが不能となることは、保険者を通じて施設運営者が自身の責任をカバーするために出資を行う能力〔の限界〕を確証するものではない。承認の問題は、責任の上限が7億ユーロに引き上げられたときにいっそう深刻な問題となるだろ

なのである[27]。

　したがって、重大事故の場合には、公的財源に頼ることは不可避であるように見える。1963年 1 月31日のブリュッセル補足条約の目的はまさに、施設運営者の責任の上限に達した場合における公的財源による補完的補償を定めることにあった。かかるブリュッセル条約は、複層的に補償の原則を定めた。第一は施設運営者の責任にもとづく補償である。第二は、かかる責任ある施設運営者による原子力施設が位置する国による補完的な補償であり、その上限が 2 億ユーロ余りとされている。第三は同条約の全加盟国の負担による補償であり、かかる条約を履行するために支出しうる最大の額として 3 億5000万ユーロが上限である[28]。さらに、指摘しておくべきは、これらの金額が2004年議定書によってかなりの程度増額されていることである。すなわち第一の施設運営者については 7 億ユーロ、第二の施設所在国については12億ユーロ、第三の加盟国全体については15億ユーロとなった。もっとも、すでに述べたことを繰り返すが、かかる議定書はまだ発効していないし、仮に将来発効したとしても、この法文を適用することによって調達される資金をもってしてもなお十分でないという場合は存在し続けるだろう。

　かかる条約の外でも、このような〔資金が不足する〕場合は環境法典L.597-38条において明確に想定されている。同条は、「使用可能な資金が、被害者が被った損害全体を賠償するのに十分でないおそれがあると見られる場合」において、事故の 6 ヶ月後、閣議により、使用可能な金額の分配方法を確定するデクレを定めるとされている。このデクレはL.597-38条が定めるいくつかの原則に従わなければならず、とりわけ人身損害の賠償の優先性が重要である。これを優先することは自然であると思われるし、民事責任法全体においてこのタイプの被害を優越的に取り扱うという傾向にも合致して

う。」）

(27) S.M.S. Reitsma et M.G. Tetley, L'assurance des risques nucléaires, *in Le droit nucléaire international : histoire, évolution et perspectives*, OCDE 2010, p. 425 ; M. Tetley, Les révisions des Conventions de Paris et de Vienne sur la responsabilité civile, le point de vue des assureurs, *Bull. dr. nucléaire* 2006, n° 77, p. 27 をとりわけ参照。

(28) 各加盟国の負担割合は、各国の国民総生産（GNP）と各国が導入する原子力の大きさをもとに算出される（ブリュッセル補足条約12条）。

いる。もっとも、このことは問題も生じさせる。というのも、放射線を原因とする疾患の多くは発症に時間のかかる損害だからである。すなわちこれらの発現は他のカテゴリーの損害と比べて時間がかかり、したがって事故発生後数ヶ月の間では正確にこれらを算定することは難しいのである。

　これらの規律及びこれを適用する際に生じる可能性のある問題からは、民事原子力損害賠償責任が次のような現実に直面していることが分かる。すなわち、民事原子力損害賠償責任法は原子力被害の巨大さに対峙するために十分な装備を持っておらず、しかもそこから生じる金銭的影響は、100万（ミリオン）ユーロ単位ではなく10億（ビリオン）ユーロ単位で生じると言うことである。

B) 時間上及び証明上の限界

　被害の大きさが定まらず不確かであることに鑑みて施設運営者やその保険者の金銭的支払の範囲が限定されていることによる障害に加えて、より技術的な限界もあり、これらもやっかいな問題である。

1 時効

　施設運営者の責任について上限金額があることに加えて、たとえば、時間的な制約も付け加わるのであって、この制約は時効及び失権期間から来るものである。これにより、一定の場合には恐るべき困難を生じうる。パリ条約はこの点について、原子力事故発生時から10年の失権期間を義務づけるという形で遵守すべき一定の制約を設けたものの、加盟国に、より被害者に有利な制度を構築するための一定の裁量も与えた。フランスは、パリ条約によって与えられたあらゆる可能性を最大限利用して、時効と失権期間とを組み合わせた二重の時間制限のメカニズムを設けた。これによれば、賠償請求訴訟は、被害者が被害に気づいた時点、又は被害者が合理的に被害に気づけていたであろう時点から3年の時効期間内に提起される必要があるが、事故時から10年という失権期間を経過すれば訴訟を提起することはできないこととなる[29]。

---

　(29) 環境法典 L.597-40条1項。製造物責任について同様の時間制限を定めた民法典1386-16条及び1386-17条も比較参照のこと。

このような、時効の起算点を損害が顕在化したときであるとするフランスの選択が被害者に有利なものであることはもちろんであり、かかる選択は、発現の遅い一定の原子力被害の特殊性に適合したものであるように見える。とりわけ、放射線を原因とする一定の疾患は、その発現に時間がかかるという特殊性があり、このことは時効の起算点を損害の発現時とすること[30]を正当化するように見える。もっとも、この〔時効に関する起算点の〕規律は、ごまかしでしかない危険もある。というのも、事故時から10年という失権期間による制約もあり、この点が、〔損害発生に時間を要するという〕データを考慮すれば不十分に思われるからである。

そのような次第で、フランスは、パリ条約によって与えられたもう一つの可能性をも活用した。すなわち、10年の失権期間が満了した後に発現した損害について、施設運営者に対する訴訟の対象となしえなくなったところ、これに対する国による補償の可能性を規定したのである[31]。したがって、遅発した被害について被害者への補償の任務を引き継ぐのは国であり、これによってパリ条約が強行規定として定めた10年間の失権期間を超えた負担を施設運営者に課すことなく、被害者に対する解決策をもたらしたのである。明確にしておくべきは、ここでもまた、パリ条約の規定が、原子力事故の被害者に対して補償を行うという意思と原子力施設運営者の利益の保護との困難な妥協の産物であったことであり、後者には事故後10年を超えた範囲について施設運営者の責任をカバーすることを拒絶する保険者により明確な懸念が示されたことも付け加わっている[32]。加えて、指摘しておくべきは、〔国による補償の〕可能性は、無制限とはほど遠いと言うことである。というのも、国に対する賠償請求訴訟は〔施設運営者の〕10年の失権期間に続く5年の間に提起されなければならないからである。繰り返すが、少なくとも一定

---

(30) さらに指摘しうるのは、人身被害についての時効の一般法と異なり、かかる〔環境法典L.597-40条の〕法文が、時効の起算点を近づけることを可能とする概念である被害の「併合（consolidation）」（民法典2226条以下参照）について言及していないことである。もっとも、実際には、ここでより問題となるのは、時効の起算点よりも失権期間の長さである。

(31) 環境法典L.597-40条2項。かかる可能性は、フランス領内で生じた原子力事故であってパリ条約の規定がフランスの裁判所に管轄権を与えている場合に限られる。

(32) この点につき、パリ条約理由書第47項をとりわけ参照。

の人身被害について、この期間は短すぎると考えられる。

したがって、間違いなく、この点について2004年議定書によってもたらされた修正を享受すべきである。この議定書を批准するためになされた議論の過程で、イオン化放射線による影響の特殊性と一部の〔放射線を原因とする〕疾患が10年という期間を超えて発現しうることに鑑みれば10年の失権期間は短すぎるという点について共通理解が得られた。かかる懸念にこたえるため、2004年議定書は原子力被害につき人身損害とそれ以外との区別を採用し、前者については事故後30年の失権期間とした（後者の期間制限はそのままである）。

当然のことながら、これに加えて、かかる延長された期間内であっても、遅れて生じた人身被害につき被害者が具体的に補償を得ることができるためには、請求時にすでに財源が尽きたという状況ではないことも必要である。

2 証明

時効によって生じる問題に加えて、証明に関する問題もある。たしかに、前述のように、客観責任のメカニズムによって、民事原子力損害賠償に関する特別法は被害者にかかる証明の負担を限定している。もっとも、依然として、被害者は、自身の被害に加えて、原子力事故とそれによって生じた被害との因果関係を証明しなければならない。ここで、かかる因果関係の証明は、立法者が被害者の救済に赴かなければ結局解決不能となるであろう困難を生じるものである。また、やっかいな問題を生じさせうるのは、証明についても〔時効についてと〕同様に、人身被害である。実際、放射線は一定の疾患、とりわけ癌（白血病、甲状腺癌……）の原因となることが知られている。もっとも、これらの疾患は事故後相当長期を経過した後発現する（あるいは次世代において発現する）ことがあるし、またそれだけでなく、かかる遅発性の被害には〔放射線被害に〕固有の特徴が無いため、多くの場合、当該疾患が他の要因ではなく放射線に暴露されたことが原因であるということを科学的な確実性をもって証明することが不可能である[33]。しばしば「サインのない（sans signature）」疾患、と称されるゆえんである。せいぜい、科

---

(33) P. Stahlberg, Causalité et problème de la preuve en matière de dommages nucléaires, *Bull. dr. nucléaire* 1994, nº 53, p. 22 をとりわけ参照。

学の世界では、その蓋然性について提唱することが出来たに過ぎない。

　かくして、因果関係の推定のメカニズムに依拠することは不可避であると思われる。この点につきパリ条約は沈黙しているが、フランスでは一定の人身被害について法律上の推定規定が設けられている。たとえば、環境法典L.597-36条は、原子力事故を原因とすると推定される疾患についての非限定的なリストを制定すべきことを規定している(34)。施設運営者が、当該疾患が事故に起因するものではないことを証明することでかかる推定を覆す可能性は残されているが、これが非常に難しいことは確かだろう。

　かかる規定は、メカニズムが全く同一ではないが、フランスの核実験による被害者の承認及び補償に関する2010年1月5日法第2010-2号の諸規定と軌を一にするものである。この法律は、フランスの核実験に起因する放射線を原因とする疾患の被害者に、保障委員会における特別な手続のもとでその損害の賠償を請求する可能性を認めたものである。かかる目的のために、デクレ(35)によって定められた疾患のリストと核実験との因果関係の推定が認められた。これを利用するためには、原告は単に、核実験の時期に、核実験が影響する範囲に居住ないし滞在していたことを証明しさえすれば良い(36)。

　さらに、被害と原子力事故との間の因果関係に関してもう一つ問題が生じうるのは、一つの巨大災害が複数の事故が競合して生じた場合である。同様

---

(34)　〔もっとも〕このリストは作成されていない。〔環境法典L.597-36条の〕法文は、(L.597-38条と対照的に) このリストを明確に規定せず、かかるリストを制定する権限を行政府にあたえることで満足しているところ、このリストは、必要なとき、すなわち事故発生後に作られるべきと考えられているのだろう。他に目を転じれば、原子力保安機関 (ASN；Autorité de sûreté nucléaire) も、かかるリストが「何も起きていない状態で（à froid）」作成されるべきでなく、事故後に事故の状況に応じて作成されるべきことを推奨している。

(35)　フランスの核実験による被害者の承認及び補償に関する2014年9月14日デクレ第2014-1049号（これによってフランスの核実験による被害者の承認及び補償に関する法律を適用するための2010年6月11日デクレ第2010-653号を廃止し置き換える）。

(36)　〔もっとも〕「疾患の性質と被害者の放射線への暴露の状況に鑑みて核実験に帰しうる危険性が無視できるものであると考えられる場合」には、かかる推定は委員会によって覆される可能性がある (2010年1月5日法第2010-2号4条Ⅴ)。この点に関して示された最近の判断事例としては以下を参照。http://bordeaux.cour-administrative-appel.fr/A-savoir/Communiques/Indemnisation-des-victimes-des-essais-nucleaires-francais

の問題は、パリ条約において意味するところの原子力事故とそれ以外の事故とが同時に起きた場合にも生じる。パリ条約はかかる困難について、被害の厳密な原因について、悪魔の（diabolique）証明の負担を被害者に負わせないこととして、解決を図っている。すなわち3条bは、「被害が原子力事故とそれ以外の事故とが競合することで生じた場合、後者の事故によって生じた被害は、これを原子力事故によって生じた被害と確実性を持って区別できない限り、原子力事故によって生じたものと扱われる」と規定している。フクシマの大災害は、このような大災害が複数の原因によって引き起こされたという問題の例証であり、この機会に得られた経験によって、間違いなく、〔このような大災害に伴う〕あらゆる困難とこれに対する解決が照らし出されることとなるだろう。

　＊亀甲括弧内は、文意の理解の便宜のために訳者が補充したものである。

4　福島原発事故により生じた損害の扱い

中　原　太　郎

はじめに
I　原子力損害賠償の制度的側面
　A　原子力損害の塡補のシステム
　B　原子力損害賠償の手続的実現
II　原子力損害賠償の実体的側面
　A　原子力損害賠償の内容
　B　遅発的な身体的損害への対応
おわりに

はじめに

　フランス側の報告（以下「ラムルウ報告」）に続いて、日本における原子力損害賠償について述べる[1]。福島原発事故以来、現に生じるに至った原子

（1）　日本語文献は枚挙に暇がないが（卯辰昇『原子力損害賠償の法律問題』（金融財政事情研究会、2012）、遠藤典子『原子力損害賠償制度の研究—東京電力福島原発事故からの考察』（岩波書店、2013）、豊永晋輔『原子力損害賠償法』（信山社、2014）、淡路剛久ほか編『福島原発事故賠償の研究』（日本評論社、2015）、小柳春一郎『原子力損害賠償制度の成立と展開』（日本評論社、2015）等。筆者自身による分析として、拙稿「原子力損害の塡補・再論」現代民事判例研究会編『民事判例IV』（日本評論社、2012）110頁以下、同「福島原発事故と原子力損害の塡補」稲葉馨ほか編『今を生きる—東日本大震災から明日へ！復興と再生への提言—3．法と経済』（東北大学出版会、2013）117頁以下）、日仏対話の基礎となる情報を

力損害の賠償に関して具体的議論が蓄積されつつあるが、日仏の情報共有・対話という観点からは、より包括的に原子力損害の填補のあり方を扱うのが適当であろう。わが国の原子力の歴史は皮肉である。被爆国でありながら実際的必要性に迫られて原子力の平和利用を推進し、今また未曾有の被害に直面している。法制度は、その都度、展開を遂げてきた。50年の時を隔てて制定された、後述する原賠法や機構法がその中心である。以下では、原子力損害の制度的側面（I）と実体的側面（II）に分けて、ラムルウ報告で示された問題意識への応答を含みつつ、概観することにする。

I 原子力損害賠償の制度的側面

まず、制度的側面である。原子力損害は誰により填補されるのか（A）、また原子力損害賠償はどのような手続で実現されるのか（B）という問題である。

A 原子力損害の填補のシステム

わが国における原子力損害の填補の基本枠組みは、1961年に成立した原子力損害の賠償に関する法律（昭和36年6月17日法律第147号。以下「原賠法」）により定められ（1）、福島原発事故ではそれが適用されるとともに、制度の補完が行われた（2）。

1 原子力損害の填補の基本枠組み

原賠法はまず、原子力事業者の損害賠償責任を定める。その3条1項によれば、原子力事業者は、「異常に巨大な天災地変又は社会的動乱によって生じたもの」でない限り、原子炉の運転等により生じた原子力損害について責任を負うとされ、免責事由付きの無過失責任が定められている。注意すべきは、責任限度額は設けられておらず、無限責任とされている点である。ま

整理して提供するという本稿の趣旨に照らし（なお、仏語訳の公刊も予定されている）、以下では日本語文献の引用は控える。先行するフランス語文献として、T. Awaji, « L'accident nucléaire de *Fukushima* et la responsabilité de l'exploitant et de l'État », *in* M. Hautereau-Boutonnet (dir.), *Après-Fukushima, regards juridiques franco-japonais*, PUAM, 2014, p. 23.

た、4条1項により、3条で責任を負う原子力事業者に責任が集中されている。

もっとも、原子力事業者の責任は、様々な形で補完される。第1に、損害賠償措置（原子力事業者の損害賠償責任の履行を確保するための措置）であり、責任保険の仕組みにより、原子力事業者間で賠償負担の分散が図られる（7条）。民営保険による原子力損害賠償責任保険契約と（8条以下）、民営保険では対処できない事象に関する（民営保険の「穴」を埋める）政府との間での原子力損害賠償補償契約である（10条以下）[2]。第2に、国の措置も定められている。原子力事業者が損害賠償責任を負い、賠償額が損害賠償措置の額をこえる場合、国は「原子力事業者が損害を賠償するために必要な援助」（以下「賠償援助」）を行うものとされる（16条1項）。他方、原子力事業者が前述の免責事由により責任を負わない場合には、国は「被災者の救助」等を行うとされる（17条）。

こうした基本枠組みは、欧米諸国、とりわけ、フランスも属するところのパリ条約・ブラッセル補足条約の加盟国におけるシステムとの関係で、無視しがたい特徴がある。すなわち、原子力事業者が免責されない限り、原子力損害の填補は原子力事業者による賠償により賄われる。それは無限責任であり、原子力事業者間での負担分散や国による援助は、原子力事業者による賠償の一部を確保・支援するものにすぎない。原子力事業者の責任こそが損害填補の中核とされる点で、「責任アプローチ（approche responsabiliste）」と形容できるだろう。それに対し、欧米諸国において典型的に採用されているシステムにおいては、原子力事業者の責任限度額が定められ、しかもその少なくとも大部分が責任保険により賄われ、それで足りない部分は公的補償が行われる。原子力事業者の厳格な責任が定められつつも、実質は集団的補償が行われるのであり、その意味で「集団アプローチ（approche collectiviste）」といえる。

2　福島原発事故への適用と制度の補完

福島原発事故に直面して、以上の基本枠組みが現実に適用を見るに至る。

（2）　原賠法と同日に成立した原子力損害賠償補償契約に関する法律（昭和36年6月17日法律第148号）がその詳細を定める。

まず、原子力事業者たる東京電力株式会社（以下「東電」）の責任に関しては、地震の巨大さを考慮してもなお「異常に巨大な天災地変」ではなく免責は認められないとの認識を前提に、事態が推移している。損害賠償措置が発動することとなるところ、今回の原発事故は原子力損害賠償補償契約の守備範囲ゆえ、政府から東電に賠償措置額1200億円が支払われた[3]。しかし、10兆円以上ともいわれる原子力損害の総額には遠く及ばない。それゆえ、国の措置としての賠償援助が要請されるが、原賠法はその具体的内容を定めておらず、原子力損害賠償支援機構法（平成23年8月10日法律第94号。以下「機構法」）[4]という新規の立法による補完が必要とされた。

機構法は、原子力事業者に賠償援助を行う機関として原子力損害賠償支援機構[5]（以下「機構」）の設立を求めたうえで（1条）、2本立ての仕組みを定める。第1に、一般資金援助であり、あらゆる原子力事業者は事業規模等に応じた「負担金」を機構に納付し（38-40条）、それを原資として、原子力損害賠償責任を負う事業者の申請により機構から当該事業者に資金援助がなされる（41-44条）。第2に、特別資金援助であり、国の特別な支援を必要とする状況において、責任を負う事業者が「特別事業計画」を国に提出し認定を得た場合には（45-47条）、国が国債を発行して機構に交付し、機構が国債を償還して当該事業者に対し資金を交付する（48-50条）。当該事業者は以後「負担金」に加え「特別負担金」を機構に納付する（52条）。他方、機構は、「負担金」等により国債の償還額に達するまで国庫納付を行うことが予定される（59条4項）。機構は、国の認可を得て、金融機関等からの借入れや機構債の発行を行うこともでき（60条）、それらについて政府は保証をすることができる（61条）。他方、国債交付では不十分な場合や（51条）、原子力事

---

(3) 注（3）で挙げた法律によれば、地震によって生じた原子力損害は原子力損害賠償補償契約によりカバーされるところ（同法3条1号）、同法4条・7条に基づき原賠法7条1項が定める賠償措置額1200億円が東電に支払われた。

(4) 同法は、賠償支援だけでなく廃炉に関する業務も対象とすべく、2014年に原子力損害賠償・廃炉等支援機構法に改称されたが（原子力損害賠償支援機構法の一部を改正する法律。平成26年5月21日法律第40号）、賠償支援に関する諸規定は従来のまま維持されている。

(5) 注（6）で挙げた法律により、現在では、「原子力損害賠償・廃炉等支援機構」と改称されている。

業者からの負担金の徴収により国民生活・国民経済への重大な支障が生じるおそれがある場合には（68条）、国は機構に対して必要な資金を交付できる。以上のような機構法のスキームは、一般的な法律の形をとりつつ、施行前に生じた原子力損害にも適用される旨が定められ（附則3条1項）、福島原発事故に現に適用されている。

　改めて認識すべきは、前述の責任アプローチがここでも貫徹されていることである。機構法は原子力事業者の損害賠償責任を軽減するものではなく、無限責任の維持を前提とする。国による資金拠出は、「賠償支援」と位置付けられている点で付随的であり、限定的な要件でのみなされる点で補充的であり、原子力事業者の負担金による返済が予定される国債交付が原則形態として位置付けられている点で暫定的であり、国家補償を積極的に認めるものではない。他方、他の原子力事業者による資金拠出は、事業者間での事後的な負担分配を求めるものであり、その意味で集団的補償の枠組みである。しかし、福島原発事故に遡及的に適用される限りにおいて東電以外の原子力事業者に不測の支出を強いるものであるところ、そうした不利益は賠償の遂行により原子力事業全体への信頼感等の共通の利益が確保されるとの論拠により正当化され、実質的には他の原子力事業者に対し福島原発事故についての部分的責任を課すに等しい。

　福島原発事故を経て我々がまずもって取り組むべき課題は、原子力損害填補システム全体の再構築にあるはずである[6]。原子力リスクを「社会的リスク」と捉えその分散を図る集団アプローチと異なり、わが国における責任アプローチは、原子力事業者に過度の負担を強いる点に根本的な難点がある。他方、無限責任を維持し賠償を貫徹させることで、原子力損害を防止す

（6）　わが国は、欧米諸国と異なり、原子力損害に関する国家間の相互補償のための国際条約に長らく加盟していなかったが、2015年1月15日、原子力損害の補完的な補償に関する条約に加入し（締約国はアメリカ、アルゼンチン等7か国）、同条約は同年4月15日に発効した。ただし、同条約の国内実施のための整備法（原子力損害の補完的な補償に関する条約の実施に伴う原子力損害賠償資金の補助等に関する法律。平成26年11月28日法律第133号）によれば、国は対象原子力損害につき原子力事業者が行う賠償の一部を補助する一方（3条）、条約による拠出金に要する費用は、原子力事業者から徴収される一般負担金・特別負担金により賄われるものとされている（4-12条）。

る効果が期待されているともいえるし、国の財政的考慮も実際上は大きな問題である。目指すべきは両アプローチの折衷、すなわち原子力事業者の合理的な責任（それは当該事業者への事後的な求償によっても達成しうる）を維持しつつ集団的補償を充実させることにあろう。制度改革の議論は緒に就いたばかりである[7]。

B　原子力損害賠償の手続的実現

以上の基本枠組みを前提とした場合の損害賠償の実現手続に移る。原子力損害賠償をめぐる紛争は、訴訟（1）ないし和解（2）により裁断される。

1　訴訟による実現

責任追及の相手方としては、一方で東電が考えられ、被害者は前述の原賠法3条1項により責任を追及することになる。その際、東電は免責を享受しないとの既成事実化した認識が、裁判所により覆される（「異常に巨大な天災地変」であるとして免責が肯定される）可能性は一応存在する[8]。他方で、被害者は国の過失（原子力事業者への規制権限の不行使等）を指摘して国家賠償責任を追及することも考えられ、責任集中の原則もこれに反しないと一般に理解されているが、原子力事業者が無過失責任を負い、また賠償援助の仕組みが確保されている以上、損害填補というよりは国の失策を指摘する意義があるにとどまる。

現実には、多くの紛争は、後述する和解によって解決される。しかし、東電が示す和解案への不満から、各地の弁護士会・弁護団のサポートもあり、東電を相手取った民事訴訟が陸続的に提起されるようにもなってきている。その際、1つの事故から同種の被害が生じた事案（「大衆損害」ないし「多衆加害」）であるという特徴から、多数の被害者が結集して集団訴訟が起こされるのが一般的である。こうした事案の画一的・効率的な解決の手法として

（7）　機構法は、その附則第6条において、原子力損害賠償制度の抜本的見直しを要請していたところ、「原子力損害賠償制度の見直しに関する副大臣等会議」を経て、平成27年5月13日、内閣府原子力委員会に、原子力損害賠償制度専門部会が設置され、改正に向けた具体的議論が開始された。

（8）　もっとも、免責肯定により生じうる混乱を考えると実際上は想定しにくく、また学説上も免責否定説が多数である。

は、一般に、訴訟追行の資格を特定の者に委譲する制度、すなわち一部の原告適格者が同種の者を代表して提訴できるというクラス・アクションや、本来の原告適格者に代わって一定の団体が提訴できるとする団体訴訟が考えられるが、わが国ではどちらも一般的制度として存在しない。また、一定の大規模な加害行為が地域住民に一体的な損害を及ぼしているとの認識に出た一律請求も、裁判所においては、共通する最少限度の損害に関する個別請求と理解される傾向にある[9]。今後、福島原発事故に関して裁判所が過大な審理負担にさらされるようになった場合に、立法・解釈上の議論が再燃することはありえよう。

2 和解による実現

　原子力損害賠償に関する紛争の大部分は、訴訟によらない手続の古典たる和解によって解決される。そのメリットは、簡易性と迅速性にある。原賠法は和解を促進するための手立てを用意している。すなわち、国は原子力損害の発生に際して「原子力損害賠償紛争審査会」（以下「審査会」）を文部科学省の下部機関として設置することでき（18条1項）、その事務の1つとして、「原子力損害の範囲の判定の指針」等の「当事者による自主的な解決に資する一般的な指針」の策定が挙げられている（同条2項2号）。簡易・迅速な解決による早期の損害填補を促進しつつ、付随的に、被害者間の平等を実現する意義もある。実際、福島原発事故後早急に審査会が設置され、数度に渡り原子力損害の範囲の判定指針（以下「審査会指針」）が示され[10]、東電はこの内容に沿って各被害者からの和解要請に応じている。さらに、和解を間接的に支援するために、弁護士会、機構、東電、県、国等により、相談窓口の開設や無料相談会の開催が行われている。

　原子力事業者が示す和解案に被害者が納得いかない場合はどうだろうか。被害者には和解に応じる義務はないので、前述のように、民事訴訟におい

（9）　最大判昭和56年12月16日民集35巻10号1369頁。
（10）　具体的には、第1次指針（平成23年4月28日）、第2次指針（同年5月31日）、第2次指針追補（同年6月20日）、中間指針（同年8月5日）、同追補（同年12月6日）、同第2次追補（平成24年3月16日）、同第3次追補（平成25年1月30日）、同第4次追補（同年12月26日）。

て、自らが意図する内容の責任追及をすることは自由である。しかし、和解のメリットに照らせば、和解を仲介することも重要であり、そのことが、原賠法上、審査会の事務の1つとして規定されている（18条2項1号）。福島原発事故に関しては、審査会の附属組織として原子力損害賠償紛争解決センター（以下「センター」）が設置され、東電と各被害者の和解の仲介にあたっている。当事者の申立てを受け、必要に応じて口頭審理も行いつつ仲介委員が和解案を提示するものであり、一種の裁判外紛争解決手続（ADR）である。

以上に従って、和解による紛争解決が日々蓄積されている。2015年12月11日現在、東電が受け付けた請求書の件数は、個人が計約216万件、法人等が約38万件、そのうち本賠償がなされたのが、個人が計約206万件、法人等が約32万件、これまで東電が支払った総額は合計約6兆円近くに上っている。他方、センターでの和解仲介に関しては、同じ日付のデータであるが、申立件数18,441件中、既済件数15,703件（うち全部和解成立：13,080件、取下げ：1,360件、打切り：1,262件、却下：1件）である。いずれも、今後さらに請求件数・申立件数が増えていくことが予想されるため、福島原発事故による被害の全貌を示すものではない。これだけの件数が処理されることのある意味で必然的な結果として、東電やセンターの業務に対する苦情や改善要請は頻繁に寄せられる。

II　原子力損害賠償の実体的側面

次に、実体的側面に移る。どのような内容の損害賠償が実現されるかという問題であるが、以下では、福島原発事故につき具体化されつつある原子力損害賠償の内容を概観したうえで（A）、ラムルウ報告が指摘する遅発的な身体的損害の諸問題につき日本法ではどのような対処がなされているか（B）に触れる。

A　原子力損害賠償の内容

福島原発事故を経て、審査会指針により、賠償可能な原子力損害が具体化される一方（1）、原子力損害の範囲・算定に関する個別問題が多く生じて

いる（２）。

1　賠償可能な原子力損害

「原子力損害」の語は、それ自体として損害の具体的内容・項目を示すものではなく、「核燃料物質の原子核分裂の過程の作用又は核燃料物質等の放射線の作用若しくは毒性的作用により生じた損害」（原賠法２条２項）という、発生原因に着目した総称的概念にすぎない。どのような具体的損害が賠償対象とされるかは、本来的には不法行為責任の一般法により決せられる事柄である。そして、賠償可能な損害の概念に関し、日本法は重要な限定を置く。すなわち、民法709条によれば、「他人の権利又は法律上保護される利益」の侵害が必要とされ、それにより生じた損害のみが賠償対象となる。また、ここでは、被害者個人に帰属する利益の侵害により生じた損害（個人的損害）のみが賠償されることも前提とされている。

こうした一般的注意を確認してもなお、原子力損害としては多種多様なものが考えられるが、審査会指針は、和解の促進という目的に基づいて主要な損害項目を列挙し、これにより詳細なリストが出来上がりつつある。様々な類型化・場合分けがされているが、それを捨象すれば、検査費用、避難費用、帰宅費用、避難等に伴う生命・身体的損害、避難等を余儀なくされたことによる精神的損害、営業損害、就労不能等に伴う損害、財物価値の喪失・減少、風評被害、間接被害、放射線被曝による損害、除染等に係る損害といったものが挙げられている。もっとも、このリストがあくまで例示にすぎないことは、指針自体が繰り返し注意喚起するところである[11]。多額の賠償に迫られた東電がリストから逸脱した和解案を提示するのは期待しにくいとはいえ、それに納得のいかない被害者が民事訴訟で他のありうべき損害項目の賠償を求めることは考えられ、その際には、一般法に基づいた解決がなされる。

賠償可能な原子力損害として、ラムルウ報告に照らしフランスの法律家の関心が強いであろうものとして、次の２つが挙げられる。第１に、放射線被曝の恐怖・不安による精神的損害であり、健康被害の顕在化を伴わない純粋

---

　　(11)　第１次指針２頁、第２次指針１‐２頁、中間指針３頁、同追補２頁、同第２次追補２頁、同第３次追補３頁、同第４次追補３頁。

に精神的なものである点に特徴がある。ラムルウ報告は、アスベストにさらされた労働者の「不安損害（préjudice d'anxiété）」の賠償を認めるフランス判例を指摘するが、福島原発事故に関しても、中間指針追補は、自主的避難等対象区域に滞在を続けた者が「放射線被曝への恐怖や不安」等により「正常な日常生活の維持・継続が相当程度阻害されたために生じた精神的苦痛」の賠償を認めた[12]。地域的限定が加えられ、対象者の属性による差異も設けられている[13]点で、恐怖・不安の合理性を要求するものといえるが[14]、それが科学的根拠に基づくものであること（科学的合理性）までは要求されていない。第 2 に、環境自体への侵害である。フランスにおいてはいわゆる「純粋環境損害（préjudice écologique pur）」の賠償が認められているが、前述のように、日本法は個人的損害の賠償のみを認める。それでも、個人的損害に引きつけた環境損害の賠償が考えられるところ[15]、この意味で注目されるのが除染費用であり、中間指針において経済的利益（営業損害等）に帰着する限りでの賠償が認められた後[16]、同第 2 次追補で除染費用そのものが賠償対象の損害として挙げられ[17]、私人が行った「必要かつ合理的な範囲」での除染の費用が賠償されることとなった。2011年に成立した放射性物質汚染対処特措法（平成23年 8 月30日法律第110号）では、自治体が除染計画を策定し、国の財政支援のもと除染を行うこととされていたため、その策定後に私人ないし環境団体が費やした除染費用が賠償対象とされるかが問題となっていたが、現在では、東電は自治体の除染によらない自主的除染費用全般の賠償（ただし所有住宅等に限る）に応じている。

---

(12)　中間指針追補 5 頁。ただし、生活費の増加と合算して一律の金額が算定される。
(13)　中間指針追補では子供及び妊婦とその他の者とで賠償額に差が設けられた。また、中間指針追補は平成23年12月末までを対象期間とするものであったところ、同第 2 次追補14頁は、平成24年 1 月以降も、少なくとも子供及び妊婦については賠償対象となりうるとした。
(14)　日本法上は、この問題を賠償可能性のレベルではなく、後述する相当因果関係のレベルに位置付けることも考えられる。
(15)　原発事故とは異なるが、「良好な景観の恵沢を享受する利益」の侵害による不法行為が問題となった国立マンション訴訟（最判平成18年 3 月30日民集60巻 3 号948頁）は、この例と見ることもできる。
(16)　中間指針24・30・35・38頁。
(17)　中間指針第 2 次追補15頁。

2　原子力損害の賠償範囲と金銭的評価

　一定の損害が賠償対象としての一般的適性を備えることは、それが常に賠償されることを意味しない。わが国では一般に、加害行為と「相当因果関係」に立つ損害のみが賠償対象となるとされる。当該概念をめぐる複雑な議論には立ち入らないが、いずれにせよ相当性が何を意味するかの具体化が必要となる。原子力損害に関しても同様であり、福島原発事故の審査会指針は、前述の各損害が賠償対象となりうるための基準を示す。パリ条約及びその改正議定書でも対象とされている点でフランスの法律家の関心をひくであろうものとして、環境から享受する経済的利益の喪失が挙げられ、その中でも、商品・サービスの評価の下落による経済的損害（いわゆる「風評被害」）が重要である。これはいわゆる純粋経済損失の一例だが、法的保護に値する利益の侵害を必要とする日本法上もその賠償がアプリオリに否定されるわけではない[18]。「相当性」の具体化にあたり、審査会指針は比較的緩やかに賠償を認める。すなわち、賠償が認められるための一般的基準は、「消費者又は取引先が、商品又はサービスについて、本件事故による放射性物質による汚染の危険性を懸念し、敬遠したくなる心理が、平均的・一般的な人を基準として合理性を有していると認められる」ことに求められる[19]。放射性物質による汚染の危険が科学的に明らかである必要はないとされ[20]、また、パリ条約改正議定書の規律とは異なり環境破壊の程度は直接には問題とされていない。

　他方、個々の原子力損害をどのように金銭的に評価するかも重要な問題である[21]。わが国では、損害額の算定に関し、一般に、不法行為がなかった

---

(18)　わが国における純粋経済損失の問題を扱うフランス語文献として、T. Nakahara, « Le préjudice économique pur. Rapport japonais », in *Le préjudice : entre tradition et modernité, Journées franco-japonaises*, T. 1, Bruylant et LB2V, 2015, p. 53.

(19)　第2次指針13頁、中間指針40頁。

(20)　第2次指針15頁、中間指針41頁。ここには、科学的不確実性下の予防的行動に一定の意義を認める考え方が現れているところ、同様の発想は、自主的避難等対象区域からの避難者に増加生活費・移動費用等の賠償を認める点にも見られる（中間指針追補5頁）。

(21)　この点も含め、わが国における損害概念を扱うフランス語文献として、H. Morita, « Notion de préjudice en droit japonais », in *Le préjudice : entre tradition et modernité*, supra note 18, p. 23.

と仮定した場合の被害者の財産的・精神的利益状態と不法行為により現実にもたらされた財産的・精神的利益状態の差が損害であるとの理解（差額説）を基礎とし、当該被害者にどのような不利益を現実に発生させているかによって損害額を算定する具体的損害計算が行われるとともに、損害を積極的損害・消極的損害・精神的損害とに分け合算する個別損害項目積算方式が採用され、福島原発事故の審査会指針も基本的にこれらに依拠している。しかしながら、こうした従来の枠組みでは、原子力事故により生活の総体が破壊されるという被害実態が適切に反映されないとして、平穏な生活を営む権利（平穏生活権）の侵害に着目した損害額の算定が有力に主張される。こうした主張によれば、包括的生活利益という観点からの損害把握が求められる一方、個別損害項目の算定においても、とりわけ以下の2点において配慮が求められる。第1に、避難等対象者の精神的苦痛[22]の賠償に関しては、現在・将来における「正常な日常生活の維持・継続」の阻害や「日常の平穏な生活」の妨害への着目が見られる点で審査会指針は評価に値するとしても、地域コミュニティの喪失を直視した算定こそが望ましい。第2に、居住用不動産に生じた損害[23]に関しては、交換価値の減少分を損害額とするのではなく、被害者の生活の再建に必要な再取得費用を考慮に入れるべきである（審査会指針は中間指針第4次追補でこの方向性を示すに至った）。

　そのほかにも具体的問題としては様々なものがありえ、審査会指針に対しては個別的批判が多く寄せられる。審査会指針に従って提示される東電の和解案に一部の被害者が満足せずに、民事訴訟に至る事態がすでに観察されるゆえんである。

B　遅発的な身体的損害への対応

　最重要法益たる人間の身体への侵害（身体的損害）はどう扱われるのだろうか。ラムルウ報告がとりわけ意を払うこの問題は、放射性物質による健康被害が遅発的であることに鑑みて非常に重要であり、福島原発事故によりす

---

(22)　第1次指針10頁、第2次指針4頁、第2次指針追補2・3・5・7頁、中間指針17-19頁、同追補5頁、同第2次追補3-4頁、同第4次追補4-5頁。

(23)　第1次指針15-16頁、中間指針29-30頁、同第2次追補12頁、同第4次追補8-10頁。

でに生じた損害をいかに填補するかに現時点では目を奪われがちな我々が、いずれ直面しなければならないものである。審査会指針でもすでに放射線被曝による身体的損害が挙げられているが[24]、ラムルウ報告が指摘する困難な問題、すなわち損害賠償請求権の行使期間（1）及び因果関係の証明（2）の問題は、なお考える必要がある。

1　損害賠償請求権の行使期間

まず、損害賠償請求権の行使期間である。不法行為責任の一般法（民法724条）によれば、不法行為に基づく損害賠償請求権は、被害者が「損害及び加害者を知った時」から3年で消滅時効にかかり、また「不法行為の時」から20年の除斥期間が設定されている[25]。もっとも、こうした規律は、即時に全損害が発生する典型的な不法行為においては適用が容易だが、そうでない場合には修正が必要となり、判例は起算点の解釈によりこれを実現する。その内容を網羅することはできないが、ここでは、予測できない後遺症についての損害賠償請求権の消滅時効の起算点は症状顕在化時であるとされること[26]、有害物質が人体に蓄積され一定期間を経過してから被害が現れる場合の除斥期間の起算点は損害発生時とされていること[27]のみ、対象との関連で挙げておく。

放射線被曝による身体的損害に関しても、これらの判例法理を適用ないし継続形成することで、妥当な救済を図ることがある程度可能かもしれない。しかし、一方で、消滅時効に関しては、時効期間が短すぎるという問題が、他方で、除斥期間に関しては、加害行為と損害発生の間に定型的に時間的間隔が存在する事態を念頭においていないという問題がある。こうした問題は身体的損害に限られるわけではないが、いずれにせよ、立法による明確な対処が望まれていたところ、2013年に、福島原発事故による原子力損害の時効

---

(24)　中間指針57頁。
(25)　ただし、当該規律は、近時の債権法改正動向を受け、近く改正される見込みである。すなわち、2015年3月31日に国会に提出された民法改正法案では、現724条後段の20年の行使期間制限を消滅時効と改めるほか（法案724条）、現同条前段の3年の消滅時効期間を生命・身体侵害の場合には5年に伸長することが予定されている（同724条の2）。
(26)　最判昭和42年7月18日民集21巻6号1559頁。
(27)　最判平成16年4月27日民集58巻4号1032頁。

に関する特例法が制定され[28]、消滅時効の時効期間は10年とされ、除斥期間の起算点は損害発生時とされた（同法3条）。現行のフランス法の規律、あるいはパリ条約の2004年議定書が提案する規律と比べると、被害者に有利な規律が採用されているといえよう。なお、消滅時効に関しては、やはり身体的損害に限らないが、紛争解決センターによる和解の仲介手続中に時効期間が経過してしまいうるという問題もあり、同じく2013年の法律により[29]、和解の仲介が打ち切られた場合に、被害者が1月以内に訴えを提起すれば和解の仲介の申立て時に訴えの提起がなされたものとみなされる（申立時において時効が中断する）と規定されることで（同法2条）、解決が図られたことを付言しよう。

2　因果関係の証明

因果関係の証明の問題は、さらに厄介である。ある身体的損害を賠償対象とするのが適切かという相当因果関係の問題ではなく、ある身体的損害が放射線被曝により生じたかという事実的因果関係の問題である。事実的因果関係は自然科学的証明を必要としないが、高度の蓋然性の証明は必要である[30]。それが容易でない状況を念頭に、わが国では、因果関係の事実上の推定が判例上個別事案において用いられるほか、疫学的因果関係に依拠した立証の可否が問題とされてきた。

放射線被曝による身体的損害に関しても、こうした証明負担緩和策が用いられ、あるいは発展していくことだろう。もっとも、事実上の推定は個別事案に即して正当化されるものであり、また、推定の基礎とされる事実の区切り方によっては射程が狭い可能性がある。また、疫学的因果関係による立証も、統計的データと個別因果関係をつなぐ論理に課題を残しており、その肯否の次元ですでに異論が見られる。さらにいえば、そもそも、個々の被害

---

(28) 正式名称は、東日本大震災における原子力発電所の事故により生じた原子力損害に係る早期かつ確実な賠償を実現するための措置及び当該原子力損害に係る賠償請求権の消滅時効等の特例に関する法律（「原賠時効特例法」平成25年12月21日法律第97号）。

(29) 正式名称は、東日本大震災に係る原子力損害賠償紛争についての原子力損害賠償紛争審査会による和解仲介手続の利用に係る時効の中断の特例に関する法律（「原賠ADR時効中断特例法」平成25年6月5日法律第32号）。

(30) 最判昭和50年10月24日民集29巻9号1417頁。

者に因果関係の証明負担を課し、困難かつ長期に渡る訴訟活動を強いることが、原子力という社会的リスクの扱いとして適切なのかは、大いに疑問が残る。その意味で、行政的手法で原発事故との間の因果関係が推定される疾患を指定するというフランスの定型的な解決は、魅力的に映る。もっとも、社会的リスクにより生じたと疑われる損害の填補という観点を推し進めるならば、裁判所ではなく行政的な窓口で簡易・迅速に補償する（全部賠償を求める限りで訴訟提起を要求する）というシステムが望ましいようにも思われる。ラムルウ報告で紹介された、核実験により生じた損害の填補に関する2010年1月5日の法律第2号による補償委員会の仕組みは、専門機関による簡易・迅速な補償の萌芽形態を示しているように思われ、興味深い。福島原発事故に関しても、遅発性の身体的損害を対象とする補償基金の創設が考えられるところである。

おわりに

　未曾有の原発事故を経験したわが国の使命は、それを踏まえた制度的・実体的な解決モデルを具体的に構築し、世界的に発信していくことにあり、それは今後わが国が原子力エネルギーに依存し続けていくかという（常に流動的な）政策論とは論理的に切り離される問題である。その際には、差し迫った問題の解決は重要であるが、それに終始するだけでなく、致命的な事故を経験していないからこそ一定の一貫した立場を示す諸外国法との比較を改めて行うことも、なお有用である。今回の日仏シンポジウムがその一助となることを切に願う。
　　　　　　　　　　　　　　　　　　　　（2015年12月20日脱稿）

　＊本稿は、科学研究費補助金・基盤研究（A）「現代独仏民事責任法の融合研究　　―日本法の再定位を目指して」の研究成果の一部である。

第3部　気候変動リスク取扱いに関する比較検討

5　国際法における気候変動リスクの緩和

サンドリーヌ・マルジャン＝デュボワ
訳：吉田克己

Ⅰ　リスクの識別と認識
Ⅱ　受容しうるリスク：1．5度の目標または2度の目標？
Ⅲ　2020年以降の枠組み：パリ協定の採択の後にどのような展望が描かれるか？

　気候変動リスクに直面した国際法の対応は、二重のものであった。第1に問題とされたのは、温室効果ガスの排出を削減することによって、気候変動の抑制さらには回避を試みること、あるいは少なくとも危険な気候変動の回避を試みることであった。交渉上の用語では、これを「緩和（atténuation）」（英語では mitigation）と呼んでいる。

　しかしながら、気候変動は、今日ではひとつの現実になっており、将来的には深刻化することになろう。そうだとすると、第2に、私たちの社会に気候変動への対応を準備させ、気候変動が現に描き、そして将来において描くであろう新しい世界に、私たちの社会を適合させるよう試みることもまた問題となる。交渉では、これについて「適応（adaptation）」という言葉が語られている。

　これら2つの目標は、いずれも当初からの交渉案件とされてはいたが、同様の重要性を持ったものとして扱われていたわけではなかった。時間が経つにつれて、問題の捉え方に関する差異が生じてきたのである。交渉上の努力は、当初は「緩和」に関するものに集中された。「適応」が交渉案件予定表に書き込まれるには、2007年のバリ会議に始まる交渉の第2局面を待たなけ

ればならない。それは、「緩和」とともに「適応」が取り扱われるべきだという南の途上国の要求に基づくものであった。

　本報告は、気候変動リスクへの対処を、「緩和」の側面から検討するものである。その作業は、「適応」を対象とする高村教授の報告を補完するという位置づけになる。

　温室効果ガスの排出量削減に関しては、気候変動を対象とする国際枠組みが実施されている。そこには、1992年に採択された国連気候変動枠組条約および同条約を明確化し補完すべく1997年に採択された京都議定書が含まれている。

　枠組条約であるということから、国連気候変動枠組条約はきわめて一般的な義務しか含んでいず、締約国にとって強制的なものをほとんど含んではいなかった。温室効果ガスの排出削減に関して、明確な量的義務を定めたのは、京都議定書である。フランスの金融機関である預金供託金庫の調査によれば、京都議定書は、2008年から2013年にわたるその第一約束期間において、成功を収めたと評価することができる。当初は37の、その後は36の締約国（アメリカ合衆国を当初から含まず、その後カナダが脱落した）に対して、議定書は、人間活動に起因する人為的な排出量を1990年との比較で約4％削減するよう求めていた。ところが、実際には、削減量は、当初予定された水準を約24％も上回ったのである。たしかに、この素晴らしい成果は、一部には、東西ヨーロッパ諸国の経済崩壊に起因するものであろう。しかし、それだけではない。先の調査報告は、経済成長とエネルギー消費との間には明確な断絶が生じていたことを示しているのである[1]。

　しかし、この排出量の低減は、新興国による爆発的な排出量増大──これらの国の排出量が世界において占める割合は絶えることなく増大している──と比較すると、釣り合うものではなかった。二酸化炭素の地球全体の排出量のうち、発展途上国のそれが占める割合は、1990年には35％であったのに対して、2011年には58％に上昇しているのである。中国が、現在では世界一の排出国である（世界の排出量の29％である。これに対して、アメリカ合衆国

　（1）　R. Moel, I. Shishlov,《Ex-post Evaluation of the Kyoto Protocol : Four Key Lessons for the 2015 Paris Agreement》, *Climate Report*, CDC Climat, n° 44, May 2014, p. 1.

が14％、ヨーロッパが10％である）。2010年代のうちに、歴史的に累積してきた排出量の割合は、発展途上国のそれが先進国のそれを上回るであろう（2020年頃）。結局のところ、2011年における世界の排出量は、1990年の水準から54％の増加という結果になっている。

　たしかに、2011年には、南アフリカのダーバンで、京都議定書を継続して第二約束期間に入ることが決定された。しかし、これは、まったく象徴的な意味しか持たない。38の締約国がその排出量の削減目標を示したが、これらの国の排出量は、世界の排出量の13％をカバーするにすぎないのである。約された削減目標は、ささやかなものである。というのは、これらの国の排出量――それは世界の排出量の13％にすぎないものであるが――を2020年には1990年との比較で18％削減しようとするものにすぎないからである。これらの国は、すでに相当程度の排出量削減措置をスタートさせ、それを軌道に乗せていることも指摘しておく必要がある[2]。さらに、この目標の修正は、一貫してなされないままである。

　実際に、アメリカ合衆国や新興国が京都議定書の下での目標設定を拒絶したこと、カナダが京都議定書から撤退したこと、日本、ロシアさらにはニュージーランドが京都議定書の第二約束期の下での目標設定を拒絶したことによって、気候変動に関する国際枠組みの重点は、1992年の国連気候変動枠組条約に向かうことになった。この条約の枠組みの下で締結されたコペンハーゲン合意およびカンクン合意によって、北の先進国と南の途上国とは、2020年を展望した排出量削減を「誓約」するに至ったのである。たしかに、それは、自発性に基礎を置くものにすぎず、そのフォローアップの仕組みは相対的に柔軟なものであり、その実施に当たってはいかなる制裁措置も伴わないものであった。しかし、1992年の国連気候変動枠組条約は、先進国と途上国との二項対立的な差異化を導入し、それが京都議定書によって具体化されて先進国だけが削減目標を誓約していた。このような仕組みが、大きく変更されたのである。南北の差異化が薄められることによって、低水準での均等化が実現することになった。

　（2）　*Ibid.*

先進国に対する拘束力は、この新しい仕組みの下で、以前よりもかなり弱まっている。これらの諸国の「約束」は、各国ごとに決定され、いかなる国際的調整をも受けない。京都議定書採択の際の議論においては、締約国は、議定書の付属書に削減目標を書き入れる前に、その数値に関して相互に同意を得なければならなかった。国連気候変動枠組条約の下での取組みは、京都議定書のそれとは異なる仕組みである。先進国の「約束」は、国際条約には書き入れられず、事務局が作成する単なる情報文書（INFという整理記号を付される）に記載されるだけである。この約束は、何時でも取りやめることができる。京都議定書においては、誓約不遵守の場合にどうなるかのメカニズムは、入念に考えられていたし、どちらかと言えば押しつけがましいものであった。そのようなメカニズムは、ここでは、きわめて柔軟で国家主権を尊重するものに取って代わられている（「測定 Measuring」「報告 Reporting」「検証 Verification」の頭文字を取って「MRV」と呼ばれている）。京都議定書が誓約不遵守の締約国に対して現実の制裁を課すことを予定している場面において、コペンハーゲン合意の下での約束については、その不遵守があっても、いかなる制裁の発動も可能にならない。唯一可能なのは、まったく微温的なものであるが、「非難と不面目 blame and shame」を課すことである。その反面で、この仕組みは、一定の成功を収めた。89もの国がこの枠組みの下で約束を行ったのである。そこには、すべての産業化された先進国と（43の国で、アメリカ合衆国やカナダも含まれている）、重要な新興国を含む46の途上国が含まれている[3]。コペンハーゲン合意は、それゆえ、京都議定書よりも包摂的であると言ってよい。京都議定書、とりわけ2012年のその縮小ヴァージョンにおいては、わずか38の国が「誓約」したにすぎなかったのである。

　以上が、法的レベルにおける気候変動に関わる国際枠組みの基本構造であ

　　（3）　新興国に関しては、各国にとって適切な緩和措置の約束（略称は、MAANである。英語の略称はNAMASとなる）が問題となる。先進国について問題となるのは、緩和の誓約または発意である。言葉の違いを超えて、新興国であれ先進国であれ、実行を求められるものについては、現実には収斂してきている。この点の評価については、一致が得られるであろう。

る。それは、二重構造を呈している。一方では、京都議定書の下で行われる、法的に拘束力を持った真の誓約がある。しかし、その締約国は一握りのものにすぎず、世界の主要な排出国を含んでいない。他方では、コペンハーゲン合意において行われた政治的合意の延長でなされる単なる約束がある。それは、前者よりも多数の国を統合し、主要な排出国を包摂しているが、極端に柔軟である。

　これら2つの制度は、そのいずれも2020年以降の期間をカバーしていない。そこで、そのための交渉が、2011年のダーバン会議において開始された。1992年の枠組条約の締約国は、この会議において、次の点を合意した。すなわち、「協定としての議定書を策定する。それは、現在とは異なる法的手段、すなわち共通の同意に基づいて採択され、法的効力を有し、すべての締約国に適用されるテクストとなる」[4]。この協定が、2020年から始まる気候変動に関する国際枠組みの基礎に据えられることになるであろう。その時点から交渉が継続され、パリで2015年11月30日から12月13日にかけて開催された国連気候変動枠組条約第21回締約国会議（COP21）において、この協約が採択されることになったのである[5]。

I　リスクの識別と認識

　すべては、長期間にわたって不確実なものに止まっていたリスクを識別することから始まる。1980年代半ばから、科学者の間で気候変動に関して活発な議論が交わされるようになった。議論の対象になったのは、気候変動における人間活動の役割であり、気候変動の広がりまたは気候変動の帰結であった。これらに関する意見の対立がきわめて激しいものであったので、その規

（4）　Décision 1/CP. 17, *Création d'un groupe de travail spécial de la plate-forme de Durban pour une action renforcée*（2011）.

（5）　1992年条約の第21回締約国会議（COP21）のほかに、京都議定書の第11回締約国会議も開催された（CMP11）。また、3つの補助機関会議も開催された。科学技術助言補助機関第43回会議（SBSTA 43）、実施補助機関の第43回会議（SBI 43）、および行動強化ダーバン・プラットフォームに関する特別作業グループ第2回セッション第12回会合（ADP 2 - 12）である。

模においてもその運用のあり方においても前例のない、国際的スケールを持った専門家組織が設置されることになった。

「異論に溢れた世界」[6]という確実性に欠ける文脈を踏まえて、世界気象機関と国際連合環境計画は、共同して、気候変動に関する政府間パネル（GIEC〔Groupe d'experts intergouvernemental sur l'évolution du climat〕。英語での略称は IPCC〔Intergovernmental Panel on Climate Change〕である）を1988年に立ち上げた。その任務は明確で、政策決定への支援である。

IPCC（政府間パネル）の活動は、ほぼ20年の後に、映画「不都合な真実」（ハリウッドでオスカー賞も受賞）のアル・ゴアと共同で、2007年のノーベル平和賞を受賞することによって報われることになった。ノーベル賞委員会は、授賞の理由を次のように述べている。「IPCC は、将来の世界気候を保護し、そのようにして人類の安全に対する脅威を縮減するために必要と思われるプロセスと決定への注意を喚起するように努めている」。授賞理由は、さらに次のように述べている。「今こそ行動が必要である。気候変動が、人間のコントロールを超えて進行してしまう前に」。

政治的意味合いを超えて、このノーベル賞受賞は、IPCC によって行われてきた科学的作業の意義が認められたことを意味している。1990年から2014年にかけて、IPCC は、5次にわたる評価報告書を公表し、国際規模での気候変動に関する診断を行い、当初の不確実性の幅を、少しずつ減少させてきた。

1990年に公表されたその第一次評価報告書は、なお抑制的なものであった。1995年の第二次評価報告書によれば、「一連の評価要素は、気候全体に対する人間の影響が知覚できるものであることを示唆している」[7]。2001年の第三次評価報告書は、「過去50年間に観察された地球温暖化の大部分は、人間の活動に基づくものである」ことを立証している[8]。2007年の第四次評

---

(6) O. Godard, 《Stratégies industrielles et conventions d'environnement : de l'univers stabilisé aux univers controversés》, *Environnement, Économie*, INSEE méthodes, n° 39-40, pp. 145-174.

(7) Seconde évaluation du GIEC, *Changements climatiques 1995*, p. 22.

(8) *Climate Change 2001 : Synthesis Report*, Résumé à l'intention des décideurs.

価報告書は、「気候システムの温暖化は疑う余地がない」ことを確認している[9]。2014年に公表された第五次評価報告書は、最も大きな危機感を表明するものであった。同評価報告書の確認によれば、気候システムの温暖化は疑う余地がないものであり、1950年以来、気候システムにおいて、数十年から数千年に至る時間的スパンで、前例のない多くの変化を観察することができる。さらに、20世紀後半期に観察される地球温暖化の主要な原因は、まさに人間活動の影響であった（95％の蓋然性）[10]。IPCCは、緊急に行動する必要性を強調している。遅れればそれだけ、地球の温暖化を食い止め、その有害な結果を抑制する可能性が減少するのである。

1988年にIPCCを創設した際に議論を支配していた懸念が、評価報告書を追う毎に、確証されていくことになった。IPCCの評価報告書はまた、国際レベルでの交渉のリズムを作った。1990年の第一次評価報告書が1992年の国連気候変動枠組条約の採択をもたらし、1995年の第二次評価報告書が1997年の京都議定書採択に至る交渉を開始するきっかけとなった。2001年の第三次評価報告書は、ボン合意とマラケシュ合意の採択をもたらし、それらによって京都議定書の効力発生が可能になった。2007年の第四次評価報告書は、同年のバリでの交渉開始のきっかけとなり、この交渉の結果、コペンハーゲン合意が実現した。そして、この政治的合意は、翌年のカンクンでの気候変動枠組条約締約国会議（COP）における一連の決定によって、再確認され、明確化されることになった。

たしかに、気候変動については、その「否定論者」や「懐疑論者」がいる。彼らは、IPCCの活動を批判し、その結論の信憑性に疑念を呈している。しかし、そのような言動は、多くの科学者の怒りをまねいている。多くの科学者が非難するところによれば、「否定論者」等は、その公刊物を「科学的公刊物の標準的なフィルター」にかけることもなく、数字やデータを意

---

(9) Voir GIEC, *Bilan 2007 des changements climatiques. Contribution des Groupes de travail I, II et III au quatrième Rapport d'évaluation du Groupe d'experts intergouvernemental sur l'évolution du climat*, GIEC, Genève, Suisse, 2007, 103 p.

(10) Climate Change 2013, *The Physical Science Basis, Summary for Policymakers*, 2013, 33 p., http://www.climatechange2013.org/images/uploads/WGI_AR5_SPM_brochure.pdf.

図的に操作しているのである[11]。これらはマスコミによく取り上げられるが、そのことに目を取られて、この30年ほどの間に、IPCC に属する数千単位の科学者によって、コンセンサスが、少しずつ、また忍耐強く作り上げられてきたことを忘れてはならない。たしかに多くの不確実性がいまだ残ってはいるが、気候科学は、きわめて大きな進歩を遂げている。IPCC の評価報告書は、この不確実性の存在を示し、蓋然性のパーセンテージを付すことによってそれを定量化する試みすら行っている。

　ここでは、次の点を確認しておくことが興味深い。

　まず一方では、設置された専門家組織の独特の性格がある。独特な性格は、とりわけ、学識者と政治家とが知識を共同で構築する点に求められる（報告書中の最重要の文書は、「政策決定者のための要約」であるが、この文書については、科学者と外交官との共同交渉が行われる）。この仕組みは、生物多様性および生態系サービスに関する政府間科学政策プラットフォーム（IPBES）の着想の源になった。

　他方で、国際活動が少しずつ深化し、強化されてきたが、これは、IPCC の科学的な諸報告に対する直接の応答であったという事実がある。この観点からは、国際規模でのリスク管理の興味深いプロセスをここに見出すことができる。

　このような 2 点の確認を踏まえると、予防原則は、諸国家にさまざまな措置（専門的見解公表の強化、緩和・適応の諸措置）を講じることを促し、リスクに対処するために積極的役割を演じることを促すことを通じて、その役割をかなりの程度に果たしてきたと言ってよい。1992年の気候変動枠組条約は、これらの諸措置の重要性を承認している（条約の 3 条 3 文を参照）。今日では、予防原則に基づく措置を講じることは、もはやあまり問題とならない。リスクが現実化している以上、講じるべき措置は、予防原則というよりも未然防止原則にかかわるものになっているからである。

---

(11) Voir Claude Allègre, *L'Imposture climatique*, Plon, 2010, 290 p.; Vincent Courtillot, *Nouveau voyage au centre de la Terre*, Odile Jacob, 2009, 348 p.

II　受容しうるリスク：1.5度の目標または2度の目標？

　今日でもなお、気候変動に関しては、不確実性が大きく支配している。この文脈を踏まえつつ〔課題取組みへの〕最初のステップとなったのは、1992年のリオ会議における国連気候変動枠組条約の採択であった。
　この条約は、いわゆる「最終」目標を定めていた。つまり、「温室効果ガスの大気中の濃度を、気候システムに対して危険な人為的攪乱を及ぼさないような水準に安定化させること」が目標とされたのである。「生態系が気候変動に対して自然に適応でき、食料生産が脅かされず、経済発展を持続的な形で進行させることがいまだ可能である期間内に、この水準に到達すべきである」。この目標の重大な難点は、数値化されていなかったところにある。しかし、当時の知識水準からすると、この水準を明確に定めることは、とてもできない相談であったろう。
　この水準は、2009年のコペンハーゲン合意において、IPCCの評価報告書が解明した事実を踏まえて、明確に定められた。しかし、IPCCの報告書は、命令的な形で記載されるものではないことに留意が必要である。それは、その時点で明らかになっている知見の一覧表（un état de l'art）を調製するものにすぎない。それは、遂行される可能性がある政策に応じたシナリオを描くものである。このようにして、締約国が、2009年のコペンハーゲン合意において、自らにある目標、すなわち温暖化を〔産業革命前との比較で〕2度（可能であれば1.5度）の上昇に抑制するという目標を課したとしても、それは、IPCCが示した複数のシナリオの中からのひとつの選択に由来するものにすぎない。もっと野心的であることもできたであろうし、もっと消極的であることもありえたであろう。しかし、IPCCは、2007年以降は、2度を上回る温暖化は、破局的な結果をもたらす蓋然性が大きく、その結果は予測しがたいとの説明を行っている。ここから、適応のための実効的な政策を打ち立てることの困難性という問題が生じてくる。
　周知のように、温暖化が1.5度を超える場合には、太平洋の小さな島嶼諸国が消滅するに至るであろう。それゆえ、国際文書においては、この温暖化

1.5度以下という目標が繰り返し言及されている。それは相当に欺瞞的である。というのは、温暖化を2度に抑制することすら、おそらく到達しえない目標であることが、すでに分かっているからである。しかし、そのような現実とは別に、温暖化2度以下という目標に対しては、今日では〔その不十分性を理由に〕異論が提示されている。この目標を達成する困難性は分かりながらも、何人かの研究者は、この2度という目標を不十分だと判断しており、最近では、1992年の国連気候変動枠組条約の締約国会議の作業の枠内で作成されたある報告書においても、温暖化1.5度以下という目標が望ましいものとされているのである[12]。1.5度と2度との温暖化の幅において、「非線形の効果」、すなわち0.5度という気温上昇に比例した効果とは異なる効果が生じる可能性は、排除されていない。しかし、2度と1.5度との2つの目標間で払われるべき努力の差異は、取るに足らないものどころではない。IPCCによれば、温暖化2度以下を目標とする場合には、温室効果ガスの排出量を、現時点から2050年までに40％から70％削減する必要があるのに対して、1.5度以下を目標にする場合には、80％から90％の削減が必要になるのである[13]。そうだとすれば、当初の予防原則に基づく諸措置や、次いで講じられた未然防止原則に基づく諸措置で十分であったはずはない。

　このようにして、2015年12月に開催されたパリ会議においては、温暖化を2度に抑制するという目標を超えて、さらに野心的な目標を設定する方向が次第に優勢になった。そのような方向は、「高い野心を持った同盟 coalition de la haute ambition」の下で追求されている。この同盟は、2015年に形成されたものであるが、COPが開催されている間にすでに100か国を超える加盟をえた。そしてそれは、1.5度目標の承認をその要求のひとつとしたのである[14]。

---

[12] UNFCCC, *Report on the structured expert dialogue on the 2013-2015 review, Note by the co-facilitators of the structured expert dialogue*, FCCC/SB/2015/INF. 1, 4 May 2015, 182 p.

[13] UNEP, *The Emissions gap Report 2014. A UNEP synthesis report*, 2014, http://www.unep.org/publications/ebooks/emissionsgapreport2014/（2015年7月30日閲覧）

[14] K. Mathiesen, F. Harvey, 《Climate coalition breaks cover in Paris to push for binding

パリ会議は、このようにして、二重の意味で温暖化抑制目標の強化を可能にした。一方では、従来は、抑制目標はソフト・ローの文書で取り上げられるにすぎなかったのに対して、今後は、数値化された目標が条約において示されることになる。他方では、パリ会議は、コペンハーゲン合意やカンクン合意という先行する諸合意との比較で、より野心的な目標を定めている。パリ協定のテクストは、「地球の平均気温上昇を産業革命以前の水準との比較で２度を十分に下回るところに」抑制し、「気温上昇を産業革命以前の水準との比較で1.5度に抑制するための行動」への努力拡大を継続することを目標として掲げているのである（同協定２条）。初めて条約において目標を定めたということに止まらず、この目標は、2009年のコペンハーゲン合意において定められたものを大きく越えるものである。この目標は、協定全体の解釈においても役割を果たすことができるであろう。というのは、知られているように、「条約は、そのテクストの文言に付与される通常の意味に従って、その文脈において、その対象と目的に照らして、誠実に解釈しなければならない」からである[15]。

同条約３条は、他方で、私たちの社会の脱炭素化の道筋を描いている。地球全体の排出量のピークを可能な限り早期に定める必要があり、それに続いて、最良の科学的知見に従った迅速な削減措置が講じられなければならない。大気中の炭素を増加させないことを意味する炭素中立性（neutralité carbone）という文言は使われることがなくなったが、その原則は採用されている。というのは、そこで問題になっているのは、「衡平を基礎とし、持続的発展および貧困との闘いという文脈の下で、温室効果ガスの排出源を通じた人為的な排出とその吸収源を通じた人為的な吸収との間の均衡を、今世紀の後半中には達成する」ことだからである。たしかに、この定式化によると、新米の魔法使いから学んだテクニックである炭素の回収・貯留という手段を大々的に用いる可能性も排除されていない。しかし、この手段を用いることが義務づけられているわけでもない。衡平、持続的発展そして貧困との

---

 and ambitious deal》, http://www.theguardian.com/environment/2015/dec/08/coalition-paris-push-for-binding-ambitious-climate-change-deal,（2016年３月３日閲覧）

(15) Convention de Vienne sur le droit des traités du 23 mai 1969, article 1§1.

闘いという文言が入っていることもまた、定式を弱めるものである。これらの文言の記載はまた、最良の科学的知見の考慮という目標を稀釈化し、それと抵触する可能性がある。そして、そのようにして、この均衡の達成を最大限引き延ばすことを正当化する危険があるのである。いずれにしても、この均衡は、「今世紀の後半中」には達成されなければならない。しかし、「今世紀の後半中」とはいっても、2051年か2099年かで、描かれる世界は、きわめて異なるものになるであろう。

しかしながら、この義務は、国家間における削減「負担」の配賦基準を明確化することがなければ、効果が乏しいままに終わる危険がある。この観点からすると、国際交渉によって、客観的でコンセンサスに基づく負担配分の基準を定める点における前進が、本当に可能になったわけではない。1998年には、それを達成するために、EU という枠組みが用いられた。その当時 EU の加盟国であった15の国が京都議定書の下で認められた「負担共同グループ une《bulle》」を編成し、これらの国の間で政治的な合意が成立した[16]。努力の配分あるいは「負担分担 burden sharing」は、ユトレヒト大学が、人口、経済成長、エネルギー効率ならびに時宜性の考慮あるいはより政治的な考慮に基づいて定めた基準バスケットを適用して行われた[17]。

1997年に京都議定書の付属書に書き入れられた数値が、負担配分の最初の試みであった。38の先進国が、温暖化との闘いの「前衛」となることを認められた。それらの国だけが削減の数値化目標を誓約したが、誓約内容は互いに異なるものであった。そこで、相互の誓約の水準に関する小さな交渉すなわち国際調整が実施された。その理由は、それらの誓約が条約に書き入れられるということでしかなかった。これらの国は、条約が批准され発効するために、その目標に関して他の国の承認を得る必要があったのである。

---

(16) Voy. Décision du Conseil 2002/358/CE（*JO* L 130 du 15. 5. 2002）du 25 avril 2002 relative à l'approbation, au nom de la Communauté européenne, du protocole de Kyoto à la Convention-cadre des Nations Unies sur les changements climatiques et l'exécution conjointe des engagements qui en découlent.

(17) G. Phylipsen, J. Bode, K. Blok, H. Merkus, B. Metz,《A triptych sectoral approach to burden differentiation ; GHG emissions in the European bubble》, *Energy Policy*, 1998, n° 26, pp. 929-943.

2020年以降を想定して描かれる、気候変動に対する新たな枠組みにおいては、国際調整はわずかな役割しか果たさないことになろう。実際、この点に関する努力は、「各国ごとに決定した」「貢献目標」の集積に左右されることになる。現在の状態は、効果を集積しても温暖化２度以下という目標達成の軌道には到底乗らず、むしろ３度から3.5度程度であるというところにある[18]。しかし、そうだとしても、パリ協定は、締約国に対してその貢献目標の野心の水準を引き上げるインセンティブを付与するようないくつかの仕組みを定めている。もっともそれには、政治レベル以外の強制力は何もなく、この観点から締約国を圧迫するような性格のものではまったくない。

　ともあれ、締約国は、「いつでも」その貢献目標を変更して、「その野心の水準を引き上げる」ことができる[19]。締約国は、その貢献目標における野心水準の個別的評価に関して、合意に達することができなかった。これを達成しようとすれば、努力の配分基準に関する議論に入ることが必要となったであろう。何が衡平なのかということである。それは、終わりのない作業となり、逆効果をもたらすものになりうる危険もあった。締約国は、それゆえ、他の締約国に対して、自己の目標における野心の水準を個別的に明らかにする必要がなかった。しかし、非政府組織がその点に関して責任を負い、自ら選択した基準に従って、国レベル、地域レベルあるいは全世界レベルで行うその評価を公表することは、何ら禁止されていない。

　さらに、各国による個別的努力を集積した結果と、協定が望ましいと判断した全体的な計画目標との適合性を測定し、かつ、締約国に対する圧力を強化するという二重の目的をもって、５年ごとに「全体の実施状況確認（グローバル・ストックテーク）」と呼ばれる評価を実施するという原則が協定14条に定められた。締約国は、ある意味で慎重を期したのである。この「達成された全体的進捗状況」に関する評価は、「相互理解の促進 facilitation 」（強制しないという意味だと理解されたい）を目指すものである。それは、「衡平

---

(18)　*Synthesis report on the aggregate effect of the intended nationally determined contributions*, Note by the secretariat, FCCC/CP/2015/7, 30 October 2015, 66 p. La Décision de Paris en prend d'ailleurs note（§16）.

(19)　Art. 4§11.

および利用可能な最良の科学的知見」を考慮することになる。最初の実施状況確認は、第一サイクルの終了を待たず、その中間時である2023年に実施され、その後は、5年ごとに実施される。この「全体の実施状況確認」は、気候変動対策のために、重要な役割を果たすことになるであろう。「全体の実施状況確認の結果は、締約国に提供され、締約国が決定する態様に従って、その対策措置と支援措置とをアップデイトし、強化するために用いられる。それはまた、気候変動対策のための国際協力の強化のために用いられる」（協定14条3項）からである。締約国に対する圧力を、国内レベルにおいても強化する必要がある。この観点から注目されるのは、2015年6月24日にオランダのハーグ地方裁判所がユルジェンダ（URGENDA）〔持続可能社会への転換を目指す市民団体〕とオランダ政府との間の訴訟において下した判決である。この判決は、控訴審において承認される場合には、オランダの他の国内裁判所に対して、連鎖反応を起こすことができるであろう[20]。この判決において、オランダの裁判官は、オランダの温室効果ガス排出削減目標は気候変動対策に関する国家の注意義務に適合していないので、科学的知見の現状と2010年の国連気候変動枠組条約締約国会議（COP）において採択された諸決定に従って、2020年における1990年比での削減目標を25％に引き上げるべきだと判断したのである[21]。

　科学者たちは、開始されたタイムトライアルに関して警告を発している。国際的な対策が少しでも遅れるならば、温暖化を2度に抑制するチャンスは実現が難しくなる。まして1.5度目標の達成など考えられないということになるというのである。COP 21が、ダーバン会議において定められた行程表の延長線上で、2020年前の期間も含めて、つまりパリ協定が発効する前の期間も含めて、野心的削減目標の引き上げを促そうとしたのは、そのためである。そのような文脈の下で、「長期目標達成を目的として展開される集団的

---

(20) この決定のテクストとして、以下を参照。http://uitspraken.rechtspraak.nl/inziendocument?id=ECLI:NL:RBDHA:2015:7196&keyword=urgenda．（2016年3月4日閲覧）以下のコンメンタールも参照。C. Cournil et A.-S. Tabau,《Nouvelles perspectives pour la justice climatique》, *RJE* n° 4/2015, vol. 40, pp. 672-693.

(21) *Ibid*.

努力の現状を2018年時点において分析するために、締約国間で相互理解を促進するための対話」を実施する旨が決定された。その目的は、明示的に、「各国で定められる貢献目標の策定を明らかにすること」とされた[22]。この対話は、それ自体、IPCCの特別報告によって明らかにされるはずである。この特別報告は、産業革命前の水準との比較で1.5度を上回る地球温暖化が生じる場合の帰結がどのようなものになるか、温室効果ガス排出の増加と結びついてどのような世界の姿が現れることになるかを明らかにするものである[23]。この対話の開催が2018年とされたのは、時宜を得たものであった。この特別報告は、いまだ散在状態にある一定数の知識を取りまとめ、明確化することになる。その成果を踏まえると、各国の貢献目標をそのままに維持することが、政治的にはきわめて困難になることがありうるであろう。少なくとも温暖化を「2度よりも十分に下回る」ところに抑制し、可能な限り1.5度に近づけようという目標達成を目指すためには、排出量の思い切った削減が必要であるにもかかわらず、各国の貢献目標を集積しても、それが可能にならない場合がありうるからである。

　このようにして、すべては、締約国がその貢献目標における野心の水準を引き上げるように仕向けること、科学的・技術的な知識を得て、また経済的・政治的・社会的な文脈に応じて、締約国がその水準を発展させるにように仕向けることを目指して行われる。ここでは、常に、目標上昇だけが問題となる。それは、この間確認されてきた「拡大」原則に適合するものである。そのような方向は、必要不可欠であった。というのは、パリ協定によって定められた温暖化抑制目標は、現在の排出削減の実績を見るならば、完全に非現実的だからである。このことは、毎年COP開催前に公表される「排出ギャップ報告書」に収録されている国連環境プログラム――そこでは、2020年を展望した削減目標の観点から現状とのギャップの分析が行われている――に明確に示されている[24]。ところで、COP21以前に国連に登録され

---

(22)　Décision, §20.

(23)　*Ibid.*

(24)　Voir UNEP, *The Emissions Gap Report 2015, Summary for Policymakers*, http://uneplive.unep.org/media/docs/theme/13/EGR2015ESEnglishEmbargoed.pdf.

た各国ごとの貢献目標の効果の集積を分析した研究がいくつか存在する。そのひとつは、国連気候変動枠組条約の下で2014年10月31日を予定して委託された研究であった[25]。今日では、全世界の排出量の98％を占める188の国が、その削減目標を国連に登録している。これは、巨大な成功であり、1年前あるいは2年前には、誰も予想しなかったことである。遺憾なことに、この削減目標のすべてを合算しても、温暖化2度以下の目標には届きそうもない。1.5度の目標にはなおさら届かない。しかし、何も手を打たない、いわゆる「水の流れにまかせる」というシナリオにおいて想定される4度から5度の温暖化と比べると、争う余地なく進歩である。

Ⅲ　2020年以降の枠組み：パリ協定の採択の後にどのような展望が描かれるか？

　パリ協定は、緩和と適応、環境対策の資金調達または技術移転および環境変動への適応能力の強化を定める包括的な合意──パッケージ・ディール──の性格を示している。しかしながら、課題の中心は、言うまでもなく、排出量削減である。適応問題の規模、資金調達や技術移転の必要性の程度は、排出量削減の水準に依存している。

　ワルシャワ（COP19）およびリマ（COP20）で採択された諸決定は、軽く触れた程度ではあれ、すでにパリ協定の核心的内容を描いている。そのアプローチは、100％のボトム・アップであり、2020年以前の対策についてコペンハーゲンで開始されたプロセスの直線的な延長線上にある。協定は、締約国が自国レベルで決定した貢献目標（NDC）にその基礎を置いている。この貢献目標が各国ごとに自主的に決められるとしても、締約国は、その実施を、あるいは少なくともこれらの貢献目標の実現を目指す国内措置を講じることを国際的に誓約する。締約国は、その決定による貢献目標を遅くとも協定批准の時までに、そしてその後は5年ごとに、国連に伝達する[26]。2014年のリ

---

[25] *Synthesis report on the aggregate effect of the intended nationally determined contributions*, Note by the secretariat, FCCC/CP/2015/7, 30 October 2015, 66 p. パリ協定の決定は、この文書について留意するものとしている（16項）。

マ会議は、各国の貢献目標決定に関する共通の日程を課すことに失敗した。そのため、最初の時期に登録された貢献目標は、それぞれ大きく異なる参照年度を用いるなど、内容的に統一の取れないものであった。そのような事態は、各国の到達目標を集積し比較することを、そして、私たちが「温暖化2度以下を十分に下回る」ための良好な軌道に乗っているかを判断することを、きわめて困難なものとし、さらには不可能なものとする。これを改善するために、次のように定められた。「パリ会議は、パリ協定締約国の会議体として行動し、その最初のセッションにおいて、各国ごとの貢献目標決定に関する共通の日程を検討する」（協定4条10項）。各国の貢献目標は、このように、同一の日程で定められるべきこととされた[27]。

　貢献目標強化の観点で言うと、締約国をその方向に導く措置はきわめて不十分である。締約国は、「これらの貢献目標の明晰性、透明性および理解可能性を促進」する義務を課されるだけだからである[28]。しかし、それぞれの貢献目標は、従前の貢献目標と対比して強化されたものでなければならない。これは、一定の環境論者によってその位置づけを高められた非後退原則よりもさらに前進するものである[29]。貢献目標は、各締約国にとって、「可能な限り高い野心的水準」に対応するものでなければならない。しかし、それは、各国の異なる文脈を踏まえた、共通ではあるが差別化された責任と、それぞれの能力とを考慮して定められるべきものである（4条3項）。目標は、北の先進国と南の途上国との間で、明確に差別化される。このようにして、次の規定が設けられるのである。「締約国である先進国は、経済規模に対応する絶対的数値に基づく排出削減目標を引き受けることによって、引き続き〔温暖化対策の〕道筋を示さなければならない。締約国である途上国は、〔温暖化〕緩和を目指す各国の努力拡大を継続しなければならない。これらの国は、国ごとのさまざまな文脈を踏まえて、経済規模に対応する排出

---

(26) Article 4§9, conformément à la décision 1/CP. 21.
(27) Voir aussi le §23 de la Décision.
(28) Décision, §25.
(29) Voir M. Prieur, G. Sozzo（dir.）, *La non-régression en droit de l'environnement*, Bruylant, Bruxelles, 2012. Voir aussi l'article 3 de l'Accord. パリ協定3条も参照。

量削減目標に漸次的に移行することを奨励される」（協定4条4項）。交渉の最後の2時間は、直説法の表現（shall/doivent）を条件法の表現（should/devraient）へと変更することに費やされた。それは、アメリカ合衆国ならびに重要な新興国の要求に基づくもので、この規定の射程を大きく弱める性格の変更であった。さらに、パリ協定の特別作業グループは、「パリ協定の締約国会議体として行動するパリ会議の最初のセッションにおける審査および採択に付される各国ごとの貢献目標の決定の特性に関する他の指令を定式化する」ことを求められる[30]。

　締約国による貢献目標実施に関する透明性とコントロールを確保する諸規定は、締約国ごとに決定される貢献目標に基礎を置くという柔軟で強制力に乏しいこのシステムのあり方を考慮すると、きわめて重要な意義を有している。それは、基本的にはボトム・アップ型のアプローチを採っているなかで、多かれ少なかれトップ・ダウンの性格を持つ措置を再導入することを意味するからである。それらは、パリ協約の基本的な存在理由ともなるはずである。交渉に携わる当事者は、それを十分に自覚していた。そして、パリ協定の堅牢性の大きな部分が依存するこの問題に対して、特別の関心が払われたのである。この観点からすると、パリ協定は、透明性の仕組みと目標不遵守の場合の手続に関する大綱を定めており、それらは、制裁的性格を含まないとはいえ、重要な役割を果たすことができるであろう。残された問題は、パリ協定締約国の将来の会合において、この枠組みがどのように明確化されるかである。この点に関する交渉は、今年から始まっている。

　パリ協定は、調整の結果獲得された注目すべき合意であり、その補完と明確化が現在求められている。2度を下回る水準に温暖化を抑制するという目標の達成がパリ協定によって実際に可能になるためには、各国ごとの貢献目標における野心の水準を引き上げることが至上命題となる。たしかに、簡単に実現しうるものは何もない。しかし、パリ協定は、それを可能にするための、そして、国家的アクターや非国家的アクターによる、ローカルなレベルからグローバルなレベルにわたって気候変動政策に新たなダイナミズムを吹

---

(30) Décision, §26. Voir aussi le §27 même s'il est indicatif. さらに、貢献目標の内容に関して §27参照。

き込むための、すべての要素を含んでいる。とはいえ、パリで達成された妥協は脆弱であり、全員の努力に基づいてそれを強固なものとしなければならない。私たちの惑星をその機能が安定した状態に維持することができるかは、それに依存している[31]。

（後記）

マルジャン＝デュボワ論文のテクストには、2015年3月の国際シンポジウムのために用意されたものと、その後、パリにおけるCOP21（2015年12月）の成果を踏まえて補正されたものとの2本がある。本書に収録するのは、後者のテクストの翻訳である。前者のテクストについては、高村ゆかり教授による部分訳があり、国際シンポ時に配布された。本翻訳を行うに当たって、訳語の選択についてそれを参考にさせていただいた部分がある。

---

(31) W. Steffen et al.,《Planetary Boundaries : Guiding human development on a changing planet》, *Science*, Vol. 347, n° 6223, 2015, p. 1.

6 気候責任の承認[*][**]

ロラン・ネイレ
訳：小野寺倫子

Ⅰ　気候責任の承認への障害
Ⅱ　気候責任の承認への展望
補論

　要旨：第21回国連気候変動枠組条約締約国会議（COP21）のなりゆきがいかなるものになろうとも、2015年は、なお気候司法［justice climatique］にとって歴史的な年として記憶にとどめられるであろう。なぜなら、はじめて、2つの裁判所、すなわち、1つは先進国—オランダ—の裁判所、もう1つは発展途上国—パキスタン—の裁判所が、その各々の国に対し、気候変動への取り組みの分野においてさらに実効性の高い措置をとるように命じる判決を下したからである。気候保護の司法化［judiciarisation］というこのような1つのムーヴメントは、将来において発展していくことになるであろう。その理由は、温室効果ガス削減に関する公的・私的約束［engagements］

---

[*] 本稿は、ロラン・ネイレ氏が、2015年3月15日に早稲田大学で開催された日仏環境法研究集会において報告を担当したテーマについて、その後の状況の進展を踏まえてRecueil Dalloz, 2015, p. 2278 に公表した論文を、同氏およびDalloz社の許諾の下に訳出するものである。

[**] 凡例：訳文中（　）、斜体、太字による強調は、原文の通りである。原文中の《　》による引用等は、「　」内に示した。なお、必要に応じて［　］内に原語を付記している。ただし、国際機関の名称、略称等については、原文ではフランス語で表記されている場合であっても、訳文中ではわが国における通例に従い、英語表記を用いた。〔　〕内は、必要に応じて訳者が補った部分である。注における文献の引用については、英語文献の引用部分もふくめて、原論文の表記に従った。

の不十分さから生じた失望がしだいに大きくなってきているということにある。そこで、われわれは、ここに新たな形式の責任の出現をみている。その責任を、気候責任とよぶことが可能であろうし、それは、国際レベルおよび国内レベルで、均衡のとれた気候の保全との関係における責任の拡張としてあらわれることになるであろう。

＊＊＊＊＊＊＊＊＊＊＊＊＊＊＊＊＊＊＊＊＊＊＊＊＊＊＊＊＊

　気候を法廷に！気候保護の司法化という現在のムーヴメントについていい表すために思いつくのは、このような表現である。

　温室効果ガス排出削減に関する公的・私的約束に効率性が欠如していることから生じた失望に直面して、裁判官に対する訴えが増加している。そこには、「争訟〔*litigation*〕」──訴訟──が国による「規制〔*regulation*〕」の欠缺を是正することを可能とするのではないか、という希望が伴われている。

　2015年に、はじめて、ある国内裁判機関が、国に対して、その温室効果ガス排出の削減を命じる有責判決を下しただけにいっそう、このテーマは注目に値する。その2015年6月24日の判決[1]において、Urgenda基金から提訴を受けたハーグ地方裁判所商事部は、国、オランダに対して、現在から2020年までに、1990年比で少なくとも25％、その温室効果ガス排出を削減するように命じた。これは、その国の現実の政策において達成されていたとされる17％〔という数字〕のさらに先を行くものである。裁判所が依拠したのは、温室効果ガス排出の有害な影響に関する科学的知見の最先端の状況であり、気候の領域における国の国際的約束であり、そして気候変動にかかわる差迫った危険に直面している環境を保護・改善するというオランダの義務であった。たしかに、国、オランダによって行われた控訴を受け、この事件において下されることになる後の判決を待たなければならないであろう。しかし、そこからどのような帰結が導かれるにせよ、Urgenda判決は、気候変動との関係における裁判上の訴えを多様化の方向に導く駆動力としての役割を果

（1）　E. Canal-Forgues et C. Perruso, La lutte contre le changement climatique en tant qu'objet juridique identifé?, Énergie-Environnement-Infrastructures. 2015. Comm. 72〔訳注：この事件については、同基金のHPも参照（http://www.urgenda.nl/en/climate-case/）〕.

たすことになるのではなかろうか。その証拠に、この判決の３か月後、パキスタンの裁判官は、集団的利益［intérêt collectif］に関する訴権を備えた農業経営者による提訴を受けて、「気候変動に関する委員会」の創設を命じた。その目的は、この領域において同国が行った約束を遵守することを国、パキスタンに強制することである。委員会は、環境法を専門とする弁護士によって主宰され、いくつもの省および市民社会の代表者によって編成される。市民社会の代表者の中には、複数の非政府組織（NGO）が含まれる。この委員会は、いくつもの提案―たとえば灌漑の最適化あるいはまた機械化された揚水ポンプの段階的除去―について監視し、定期的に裁判所への報告を行わなければならないであろう[(2)]。

　気候保護の司法化というこのようなムーヴメントは、新しいものではない。それは他に先駆けて2000年代にアメリカで誕生し、ついで、それ以外の国々においても興隆をみている。たとえばオーストラリア、ベルギーにおいて、そして間もなく、おそらくはノルウェーとフィリピンにおいてもそうなるであろう。このような訴訟上の訴えの帰結はともかくとして―これまでのところ、それが原告に有利なものであったことは、ほとんどないのである―、気候問題の取扱いの司法化は、責任の新たな形式の台頭によるものである。この責任がかかわっている目的、すなわち気候の保護にかんがみて、それを気候責任［responsabilité climatique］とよぶことが可能であろう。

　気候責任の概念は、３つの源泉の合流点において具体化する。その３つの源泉のありかとは、まず、人間の活動と気候変動の深刻化との間の関係についての科学的論証である。次に、責任倫理の気候に関する諸問題への相関的な拡張である。そして最後に、予防原則、未然防止原則および原因者負担原則の交流点における人間および環境の安全に関する保護義務の存在である。

　気候責任の法的実体変化［transsubstantiation juridique］に対して障害がないわけではない（Ⅰ）。しかしながら、なんらかの変化発展は避けられないように思われる。実際、裁判官は、それまでと同じやり方で、医療責任と環境責任の基盤を整えた。それは、裁判官が健康と環境を国と保護〔の

　（2）　http://edigest.elaw.org/sites/default/files/pk.leghari.09145.pdf.

任〕を分かち合う領域とすることによって行われた。こんにち、裁判官は、気候責任の新たなレジームの輪郭を作り上げようとしている。それゆえに気候の保護がもはや国だけの占有物ではなく、同様に裁判官の管轄権限にも属しているということを示しているのである（Ⅱ）。

Ⅰ 気候責任の承認への障害

　いくつもの理由が、法的な性質を備えた気候責任を承認する妨げとなっている。

　因果関係の希釈。まず、温室効果ガスを発生させる数多くの人間の活動となんらかの特定の被害——たとえば海面上昇によって余儀なくされた住民の移動、あるいはハリケーンによって引き起こされた財の破壊——との間に直接かつ確実な因果関係の証明をもたらすことは困難である。

　その困難を生じさせているのは、おもに、検討対象とされる有害な事象の人為的起源が、排他的なものではなく自然的諸原因と一体になっており、けれども、われわれは、現実化した被害におけるそれら各々の影響の縺れを上手にときほぐすことができない、ということである。そのような場合には、公法人あるいは私人の行動が、被害の現実化または深刻化に関与していたとしても、気候にかかわる被害の自然的諸原因によって、それらの者の責任を承認することが妨げられてしまうであろう。

　このことに付け加えなければならないのだが、人間の活動によって温室効果ガス排出が生じる時期とそれに付随して被害が発生する時期との間には、非常に長い時間が経過する可能性がある。そのような場合には、気候にかかわる被害の時間性［temporalité］が責任を希釈することになるであろう。

　温室効果ガス排出の場所と被害発生の場所とを隔てている距離は、これも同様に、責任を承認する妨げとなる。その距離は1000 kmにおよぶ可能性があるからである。したがって、その因果関係は弱められてしまい、このことが、被害をある責任者に帰することをいっそう困難にする。これに付け加わるのが、その場所における法律の適用と裁判管轄にかかわる困難である。その点からいうと、アメリカあるいは中国の産業活動によって影響が深

刻化したかもしれない暴風雨の結果、フランスで生じた被害について、フランスの裁判官が、最も多くの温室効果ガスを発生させているそれらの国の企業の民事責任を検討することができる、と想像するのはむずかしいように思われる。今度は、距離が、気候に関する責任を希釈することになるであろう。

　責任を負う者の多様性。次に、気候にかかわる被害について有責であると宣告される対象となる者の特定についても困難が生じる。たしかに、温室効果ガス排出の原因となる人間の活動が知られている。たとえば、石油工業、化学工業、建設あるいは運輸がそうである。しかし、生産－流通の鎖に連なっているすべての関与者のなかの誰を訴えるのであろうか？たとえば、運輸の分野では、国、自動車製造業者、石油会社、高速道路会社、あるいはまた車両の所有者、その誰が気候変動の深刻化のゆえに自らの責任を問われることになるのであろうか？

　この場合、すべての者が有責だと宣告されてしまうリスクが大きい。あるいは、「ディープ・ポケット［deep pocket］」—つまり大きなポケット—症候群に陥ってしまうかもしれない。それによって、大きな金融上の信用を備えた経済事業者だけに〔責任追及の〕標的を定めるようになってしまうであろう。いずれにせよ、気候責任を無限定に拡張することによって、公的財政を負債で苦しめ、経済を麻痺させることになりかねない。以上のことからここでわかることは、気候変動の諸原因がきわめて集団的な性格を備えているために、気候責任という概念を法的に承認することが困難になっているということである。

　権力分立。最後になるが、気候変動に影響を及ぼしている活動の大部分は、国レベルでは、合法的である。それにもかかわらず、もし、裁判官が、なんらかの活動を行っている公法人あるいは私人に対して温室効果ガス排出の削減を命令するならば、あるいは裁判官がそれらの者に対して気候にかかわる被害の賠償を義務づけるならば、たちまちにして権力分立の原則に対する侵害のリスクが指摘されることになる。

　そういうわけで、アメリカの司法にとって、気候政策の問題への対処は、裁判所ではなく、連邦議会および行政権の管轄に属することなのである[3]。

このことによって説明されるように、こんにちまで、アメリカのいかなる裁判機関も、気候変動の被害者によって提起された差止命令または賠償の請求の正当性を認めていない。

現在のところ、法的気候責任という概念の承認について障害がないわけではない。しかしながら、将来において、それらの障害の克服を可能とするかもしれない複数の方策が存在している。

II 気候責任の承認への展望

諸国の国際的責任の拡張。気候変動への取組みに関する諸国の国際的な義務は、さらに強化されているけれども、共通だが差異ある責任の原則に従うことがその要件となる。この原則が意味するのは、環境政策は共通であるが、諸国の発展の水準に応じて義務は異なるということである[4]。諸国が義務に違反した場合、そのような国々は、権限ある国際裁判機関において提訴され、そして、自国が負っている国際的な気候責任と向き合うことになるかもしれないであろう。

そもそも、この数年、温室効果ガス排出がもっとも多い諸国を相手方として行われた争訟は、単なる脅威の域を越えて、増加している。その脅威のイメージを作り出しているのは、2002年にツバルの首相によって行われた争訟であり、これはオーストラリア、アメリカ合衆国を相手方とし、有効な訴権により、国際司法裁判所に提起された。〔もう1つの〕イメージは、2005年と2013年とに米州人権委員会に提出された北極地方の諸民族の請願〔pétitions〕であり、その目的は、〔請願において〕対象とされた諸国に、それらの国が自国の温室効果ガス排出を削減するための適切な措置を取るということを約束させることであった[5]。

---

(3) M. B. Gerrard et J. A. MacDougald, *An introduction to climate change liability-Litigation and a view to the future, Connecticut insurance law journal*, vol. 20. 1, 2013, p. 153、とりわけ、p.158.

(4) M. Demas-Marty, Introduction, Quatrième partie, A. Supiot et M. Delmas-Marty (dir.), Prendre la responsabilité au sérieux, PUF, 2015 所収、p. 331、とりわけ、p. 334。

(5) 前出、E. Canal-Forgues et C. Perruso.

将来においては、このタイプの訴えが、いっそうの発展を遂げることが可能かもしれない。それほどに、人権保護と気候変動に対する取り組みとの関係は、さらに強化され続けているのである[6]。したがって、2015年6月30日の国連人権理事会の「人権と気候変動」決議[7]は、「諸国に課せられている人権にかかわる義務の見地から、すべての者のために気候変動の好ましくない結果の改善の継続を促すことの必要性」を強調している。このような気候保護と人権擁護との間の連携は、均衡のとれた気候への権利［droit à un climat équilibré］との融合によって、近い将来、環境への権利［droit à l'environnement］が拡張するという形であらわれることになるかもしれない。

行政責任の拡張。国内レベルでは、訴えは、おもに国または公的機関に対して提起される。その目的は、気候変動に対する取り組みについて実効的かつ効率的な措置をとることを国や公的機関に命じることである[8]。アメリカ合衆国あるいはオーストラリアにおいては、このような訴えのいかなるものも、今のところ成功していない。

しかしながら、2015年のUrgenda判決が示しているように、国の温室効果ガス排出の削減を命令するという形式で、当該国に対して有責判決を行うことは可能である。その理由は、気候に関する警戒義務［obligation de vigilance climatique］が国に課されていることに求められる。オランダの裁判官が拒絶したのは、気候変動がグローバルな性格を有しているということの中に国の無答責性のみなもとを見出すということである。実際、オランダだけが温室効果ガスの排出者なのではない、ということはあまり重要ではない。その先進国としてのステータスのゆえに、オランダは、行動するための手段をもたない国との関係で、しかも、共通だが差異ある責任の原則の適用によって、気候変動の領域において模範的存在となることを勧奨される。たしかに、このような正当化事由［motivation］は、斬新奇抜である。ただ

---

(6) 「気候の質を人権に結びつける」ことの提案については、前出、A. Supiot et M. Delmas-Marty (dir.), p. 346.

(7) A/HRC/29/15, 30 juin 2015.

(8) J. Peel et H. L. Osofsky, *Climate change litigation's regulatory pathways: a comparative analysis of the United States and Australia, Law and Policy*, juill. 2013, *University of Denver*, p. 150.

し、そのようにいう限りにおいて、温室効果ガス排出削減の領域では、諸国のフォートある無気力によって効果のあがらない状況が続いている、ということをわれわれはほとんど理解していないということになる。

　フランスにおいて、もし公法人によって実施された気候政策が不十分であるように思われる場合、行政裁判官は、それらについて自らの命令権限を行使することが可能であろう。それは、一方では、緊急の場合において、基本的自由に関する急速審理手続き［référé-liberté］[9]によって行われることになろう。その場合には、〔フランス環境憲章1条に規定されている〕均衡がはかられ健康が尊重された環境において生きる権利［droit de vivre dans un environnement équilibré et respecteux de la santé］に対する重大かつ明らかに違法な侵害の存在を証明することが要件となる。また、他方で、行政処分が違法で、大気の保護に十分な効力を発揮しない場合においては[10]、温室効果ガス排出の削減のさらなる充実化を可能とするであろう、その判決によって定められた執行措置によることになるであろう[11]。こうした過程においては、最も貧しい国々であっても、その国の市民に対して、気候変動に取り組むために実施された措置について説明を義務づけられるかもしれない。このようなことが、2015年9月にパキスタンの裁判官によって下された判決から導かれる教訓である。その判決は、「気候変動に関する委員会」の創設を命じているが、それに先立って、政府が、2012年に作成された気候に関する国の政策を実施するために、いかなる実地的行動にも着手しなかった

---

(9)　行政裁判法典 L. 521-2条〔訳注：基本的自由に関する急速審理手続きとは、「行政機関または公役務の管理の責任を負う私法上の組織が、基本的自由に対して重大かつ明らかに違法な侵害をもたらしている場合、急速審理裁判官は、当該自由の保護に必要なあらゆる措置を命じることができる」（J. Waline, *Droit administratif*, 24ᵉ éd., Dalloz, 2012, n°663）という制度である。なお、フランスの裁判所は、権力分立の観点から、原則として行政機関に対して命令［injonction］を行うことができないとされているが、暴力行為［voie de fait］の場合は、その例外として、裁判所による行政機関への命令が認められる（参照、G. Cornu, Association Henri Capitant, *Vocabulaire juridique*, 9ᵉ éd, PUF, 2011, p. 546, p. 1072)〕。

(10)　環境法典 L. 220-1条。

(11)　行政裁判法典 L. 911-1条〔訳注：この規定によると、公法人等が定められた方針に従って執行措置をとることを判決が必然的に含むとき、裁判所は、必要な場合には、判決中において執行期限を付して措置を定める〕。

ことを確認したのである。

　したがって、フォートある懈怠〔carence fautive〕に基づく国の責任の承認についても検討することが可能であろう。それは、アスベストやブルターニュにおける硝酸塩による水質汚染に関してフランスで下された判決の延長線上に位置づけられるものである。これに近い方向で、世界気象機関の事務局長が、気候変動に関する政府間パネル（ICPP）が最近公表した報告書を受けて、次のように述べるのをわれわれは聞くことができた。すなわち、「今すぐに決定がなされないならば、30年後、諸国政府および〔あらゆるレベルの〕決定機関は、その責任者とみなされるであろう。なぜなら、知見はここに存在しているからである。われわれは知っている。われわれは、もはや行動〔をとらないこと〕について言い訳できない[12]」。

　民事責任の拡張。民事責任に関するいくつもの訴えが、国内裁判機関において、大量の温室効果ガスを排出している企業または企業グループを相手方として提起された。アメリカ合衆国でのこのようなケースとしては、たとえば、2004年のコネチカット州対アメリカン・エレクトリック・パワー〔*Connecticut versus American Electric Power*〕事件における〔訴え〕があった。この事件では、いくつかの州が、その管轄区域において集団的なニューサンスの発生源となっているとして、複数の石油会社を非難した。また、2007年のカマー対マーフィー・オイル〔*Comer versus Murphy Oil*〕事件における〔訴え〕もあった。この事件では、ルイジアナにおけるカトリーナ・ハリケーンによって被害を受けた財の所有者らが、複数の石油・化学グループを裁判所に召喚した。その理由は、当該自然災害の影響が、それら企業の活動によって深刻化したということであった。

　こんにちまで、このタイプのいかなる訴えも成功していない。しかしながら、将来においては、気候にかかわる被害が、民事責任法の変容に寄与するということも考えられる[13]。あたかも、労働事故・交通事故が増加した結果として、そのことによって、〔民事責任の変容の〕機会がしかるべき時期

---

(12) Le monde, 2 nov. 2014.

(13) D. A. Kysar, *What climate change can do about tort law*, 20 juill. 2010, *Yale Law School, Public Law Working Paper* n°215 ; *Environmental Law*, vol. 41, n°1, 2011.

にもたらされたように。

　もし私的事業者の民事責任が問題とされるとするならば、ほとんど疑いなく、それは、本質的に、集団的な責任ということになるであろう。気候変動に影響を及ぼしている活動は、きわめて多く、そして多様だからである。この場合において、公正［justice］への配慮から、共通だが、作出された気候上のリスクの割合に応じた責任について検討することが適切であろう。このことが前提としているのは、市場占有率に応じた責任、つまり Market share liability というアメリカの理論を拡張し、各事業者の温室効果ガスの排出水準の割合に応じて責任を認めるということではなかろうか。

　この集団的責任は、国際的なレベルでとらえられなければならないであろう。その理由は、気候変動は、グローバルな性格のものだということにある[14]。これらの要件に従って、気候変動に起因する被害を対象とする民事責任に関する条約の採択に向けたプロセスに着手することが適切であろう。そのモデルとなるのは、炭化水素による汚染あるいは原子力の領域においてすでに存在している条約である。この枠組みにおいて、気候被害の賠償に関する国際基金の創設を考えることも可能かもしれない。その基金は、温室効果ガスのもっとも大規模な発生者らによって拠出されるであろう。その目的は、気候変動とかかわりのある深刻な被害が出現した場合に、可能なかぎりすみやかに、その資金を利用できるようにすることにある。このようなメカニズムは、リスクの相互扶助化［mutualisation］、そして気候連帯の原則［principe de solidarité climatique］の実施という性質を有するであろう。

　刑事責任の拡張。ところで、気候変動に対する取り組みの領域において、行政責任と民事責任とが、不十分と判断される国の行為を是正するために現在から将来にわたってその役割を期待されるとしても、容易に想像できるように、裁判所は、近いうちに、気候変動との関係において最も深刻な行動を制裁するために、刑事責任に関する訴えについて裁判権を持つようになるかもしれない。

　キンシア［Xynthia］〔暴風雨〕事件におけるラ・フォート・シュル・メ

---

(14) M. Boutonnet, Perspectives pour un droit global de l'environnement, Revue d'Assas, 2015, 近刊.

ール［La Faute-sur-Mer］の元首長［maire］への2014年の有責判決は、過失致死および他人の生命を危険にさらしたこと［mise en danger de la vie d'autrui］による４年の拘禁の実刑というものであった[15]。もっとも、当事者は控訴している。この有責判決がよく示しているのは、大きな危険を伴った気候上の事象にかかわる被害の未然防止に関する決定権者らの無為無策を、いかなる範囲で厳格に裁くことができるかということである。

　消費法上および取引法上の犯罪については、気候の領域において非常に容易に適用の余地を見出すことができるのではなかろうか。たとえば、自動車メーカーが、当該メーカーの車両の汚染ガス排出について真実を隠ぺいした場合、そのメーカーは、フランス法において欺瞞的取引行為［pratiques commerciales de trompeuses］による軽罪[16]とよばれるものについて有罪とされるであろう。同様の観点から、上場企業が、会計書類において当該企業の温室効果ガス排出について虚偽の情報を公表した場合、その企業は、虚偽的または欺瞞的情報の流布［diffusion d'information fausse ou trompeuse］による軽罪[17]について有罪とされるであろう。

　法的気候責任の確立への障害は多い。しかしながら、１つのムーヴメントが進行中であり、それは、気候変動の管理において国と裁判官とを対置するのではなく、むしろ環境と人類との安全保障という１つの共通の目的のもとに国と裁判官とを結集させるように導くことになるであろう。

---

(15)　T. corr. Sable-d'Olonne, 12 déc 2014, P. Robert-Diard, Xynthia : la motivation du jugement qui accable l'ancien maire de La Faute-sur-Mer, 12 déc 2014, www. lemonde. fr.〔訳注：この事件は、2010年のキンシア暴風雨の通過によってラ・フォート・シュル・メールで多数の死者、負傷者が発生したことについて、災害のリスクに対して適切な措置を取らなかったことなどを理由として、当該コミューンの首長や助役などが刑事責任を問われたというものである。〕

(16)　消費法典 L. 121-1-1条。

(17)　通貨金融法典 L. 465-2条。

補論　気候の救助への権利 [droit au secours du climat] のための提案[18]

　気候変動は、人類の将来にとって決定的な争点であるので、いくつもの専門分野の法律家らからなるグループが、気候の救助の達成に向けて取り組みを行っている。

　その理由は次のとおりである。
　気候は、人類の生存の条件に影響を及ぼす。
　気候温暖化によって、人間にとって大きな規模の生態学的、経済的および社会的リスクを引き起こす気候上の事象の増大がもたらされる可能性がある。
　ごく最近の科学的データによると、気候リスクを減少させるためには、産業化以前の時代と比較して＋2℃、さらには〔＋〕1.5℃の限度以下に気候温暖化を安定させることが推奨される。
　法は、われわれの社会をエネルギー転換へと方向づけること、〔気候変動の〕緩和およびそれへの適応の措置の実施を推進すること、ならびに人類の生存の条件にとって望ましい気候を享受すべき人権を保障することに貢献できる。
　したがって、以下のとおり提案する。

1．国際的気候ガヴァナンスを強化することについて
　・きたるパリ協定において、諸国が自国の割当てを下方修正する可能性を制限すること、および、諸国にそれについての野心的目標の水準を引き上げるように促すこと。
　・諸国によるその国の割当ての実施についてフォローアップを行うための

---

(18) 補論原注1：この提案の手がかりとなったのは、« Quel droit face au changement climatique? », dir. M. Hautereau-Boutonnet: L. Fonbaustier, S. Maljean-Dubois, L. Neyret, M. Teller, F. G. trébulle et E. Truihé-Marengo 所収の一連の論稿の多様な寄稿者らによって提示されている見解である。

確固とした国際的メカニズムを創設すること。
・パリ協定を、気候に関する、拡大され「断片化が解消された」国際的ガヴァナンスの礎石とすること。
・公的および私的な、国よりも低いレベルにあるアクターによる活動および措置を向上させ、承認すること。
・気候ガヴァナンスに関与する学術研究機関における研究成果の正統性と妥当性とを保証する手続きを絶えず強化し続けること。
・〔気候問題に関する〕教育、職業教育、情報提供、気候上の争点への公衆の参加を向上させること。

2．諸国および企業の気候変動への対策措置を強化することについて
・諸国内において、公的および私的な計画の立案と行動とについて合理化と連携とを改善し、向上させること。
・ステークホルダーと企業との関係において、当該企業による気候上のリスクの一本化を促進すること。
・企業と〔気候変動の影響に対して〕脆弱な国［pays vulnérables］に所在する当該企業のパートナーとの間で締結される契約への気候に関する条項の挿入を推進すること。

3．気候政策のための資金調達を向上させることについて
・気候変動の問題について、国際的調整機関と金融機関との連携を改善すること。
・国際的なレベルで、気候〔変動〕の抑制に適合した租税制度を連携させること。
・「気候-リスク」を銀行と金融上の賢慮［prudentielles］[19]とに関する政策の中に組み込むこと。
・気候のためのさまざまな「緑の基金」の設立を推進すること。

---

(19) 補論訳注1：金融に関する慎重さ、とくに金融機関における資本・預金の保護のための規範や措置（G. Cornu, Association Henri Capitant, Vocabulaire juridique, 9ᵉ éd., 2011, p. 820）。

・リスクのモデルによる定式化［modélisation］において気候という次元を組み込むこと。
・「グリーンボンド［obligations vertes］[20]」市場を発展させること。

4．気候責任の原則を承認することについて
・人権の中に気候の保護を組み込むことによって気候に関して諸国の国際的責任を承認し、共通だが差異ある責任の原則に従うこと。
・裁判官の命令権限を承認することによって国の行政責任を認め、適切な気候上の措置が実施されない場合には、フォートある懈怠に基づく国の責任を認めること。
・私的事業者の民事責任を認めること。ただし、共通だが作出された気候上のリスクの割合に応じた責任の原則に従うものとする。
・気候変動に起因する被害についての民事責任に関する国際条約と温室効果ガスをもっとも大量に発生させている者らの出捐による気候上の被害の賠償のための国際基金とを採択し、気候にかかわる被害の賠償を容易にすること。
・気候にかかわる犯罪について、〔政策等の〕決定権者の刑事責任を認めること。

　付記：本稿の訳出にあたっては、JSPS科研費（若手研究（B）：26780052）の助成を受けた。

---

(20) 補論訳注2：環境への配慮を目的とした計画（グリーンプロジェクト）への投資のための費用を賄うために市場において発行される債券。発行主体は、民間企業、公的機関、国際機関などさまざまである。グリーンボンドによって調達された資金の使途などについては、投資家に対して報告が行われ、その詳細があきらかにされる（http://www.developpement-durable.gouv.fr/Les-obligations-vertes.html）。グリーンボンドについては、環境省『平成27年度　グリーン投資促進のための市場創出・活性化検討会』（委員長：藤井良広　上智大学客員教授）の報告書（http://www.env.go.jp/press/102346.html, http://www.env.go.jp/press/files/jp/102417.pdf）、世界銀行HPの解説（http://www.worldbank.or.jp/debtsecurities/cmd/htm/WorldBankGreenBonds.html, http://www.worldbank.or.jp/debtsecurities/cmd/pdf/WhatareGreenbonds.pdf）なども参照。

7 気候変動の法的責任
―日本の現状と課題＊

大　坂　恵　里

I　はじめに
II　日本における気候変動の緩和と適応の現状
　1　気候変動の緩和の取組み
　2　気候変動への適応の取組み
III　気候変動の法的責任
　1　問題提起
　2　日本―シロクマ公害調停・裁判
　3　アメリカ
　4　オランダ― Urgenda Foundation v. Kingdom of the Netherlands
IV　若干の考察
　1　気候変動訴訟の限界
　2　不法行為制度以外による損失と損害への対応
V　結びに代えて

I　はじめに

　気候変動リスク対策としては、温室効果ガスの排出削減・吸収により大気中の温室効果ガス濃度を安定させる「緩和」だけではもはや不十分であり、

＊　本稿は、シンポジウム「環境公衆衛生上のリスク処理に関する日仏比較法研究」において発表した「日本の民事訴訟において気候変動リスクをいかに取り扱うか」をベースとしている。シンポジウムの企画責任者であるマチルド・ブトネ教授（エクス・マルセイユ大学）および吉田克己教授（早稲田大学）に心より感謝申し上げます。

人や社会や経済のシステムを調節することで気候変動による影響を軽減する「適応」が必要とされてきた。さらに、近年では、適応の限界を超えた気候変動による「損失と損害」にどのように取り組んでいくべきかが、国際的な議論の対象となっている。

シンポジウムにおいて、筆者は、これらの気候変動リスク対策に関する日本の民事責任法からの回答を提示することになっていたが、予想以上に困難な任務となった。そこで、本稿では、日本における気候変動リスクへの法的対応について、より一般的に論じることにした。はじめに、気候変動対策に関する立法的・行政的対応を整理する。次に、司法その他の紛争解決機関による対応について分析するが、日本の事例が少ないため、アメリカ、オランダの先駆的事例も紹介する。最後に、若干の考察を試みたい。

II 日本における気候変動の緩和と適応の現状

1 気候変動の緩和の取組み

温室効果ガスの排出削減・吸収等に関する対策・施策は、「地球温暖化防止行動計画」（1990年10月23日地球環境保全に関する関係閣僚会議決定）、「地球温暖化対策推進大綱」（1998年6月19日地球温暖化対策推進本部決定）、「地球温暖化対策に関する基本方針」（1999年4月9日閣議決定）、「新・地球温暖化対策推進大綱」（2002年3月19日地球温暖化対策推進本部決定）を経て、2005年2月16日の京都議定書発効後は、「京都議定書目標達成計画」（2005年4月28日閣議決定）[1]の下で行われてきた[2]。

「京都議定書目標達成計画」は、日本が京都議定書の第一約束期間（2008年度から2012年度まで）に、温室効果ガス排出量を基準年の1990年比で6％削減するという約束を確実に達成するために策定された。この成果について、地球温暖化ガスの排出削減のみに注目すると、2009年度は景気後退によ

---

[1] 2006年7月11日に一部改定、2008年3月28日に全部改定されている。
[2] 大坂恵里「地球温暖化防止に関する産業界の自主的取組」吉田克己＝マチルド・ブトネ編『環境と契約―日仏の視線の交錯』246-255頁（成文堂、2014年）参照。

る温室効果ガス排出量に大幅な減少が見られたものの（基準年比－4.4％）、東日本大震災以降の火力発電の増加により、第一約束期間の 5 か年平均の温室効果ガス排出量は12億7800万 t-CO_2、基準年総排出量（12億6130万 t-CO_2）から1.4％増加という結果になった。しかし、森林等吸収源（基準年比3.9％）および京都メカニズムクレジット（基準年比5.9％）を加味すると、5 か年平均で基準年比から8.4％削減になり、国際社会に向けた 6 ％削減約束は達成された[3]。

「京都議定書目標達成計画」は、日本が京都議定書の第二約束期間に参加しない選択をしたため、2013年 3 月末をもって終了した。国は、計画終了前の2013年 3 月15日に「当面の地球温暖化対策に関する方針」を公表し、「京都議定書目標達成計画」に代わる「地球温暖化対策計画」の策定に至るまでの間も、地方公共団体、事業者、国民に対して、京都議定書目標達成計画に掲げられたものと同等以上の取組みを推進することを求めることとした[4]。その後、中央環境審議会地球環境部会・産業構造審議会産業技術環境分科会地球環境小委員会合同会合における議論を経て、2016年 5 月13日「地球温暖化対策計画」が閣議決定された[5]。国際社会に向けた削減数値目標については、2009年 9 月22日、国連気候変動サミットにおいて温室効果ガス排出量を2020年までに1990年比で25％削減することを公約したものの、上述のとおり東日本大震災以降の温室効果ガス排出量が増加したことで、2013年11月15日の第27回地球温暖化対策推進本部は、2020年度の温室効果ガス削減目標を2005年度比で3.8％減とすることを決定した[6]。その後、2015年 7 月17日の第30回地球温暖化対策推進本部は、国内の排出削減吸収量の確保により、2030年度に2013年度比で26.0％減（2005年度比25.4％減）の水準（約10億4200万 t-CO_2）にするという「日本の約束草案」を決定し[7]、国連気候変動枠組

（3） 環境省「2012年度（平成24年度）の温室効果ガス排出量（確定値）について」（2014年 4 月）。

（4） 地球温暖化対策推進本部「当面の地球温暖化に関する方針」（2013年 3 月15日）。

（5） 地球温暖化対策計策（2016年 5 月13日閣議決定）。

（6） 環境省「COP19に向けた温室効果ガス削減目標について」（第27回地球温暖化対策推進本部（2013年11月15日）資料 1 － 1 ）。

（7） 「日本の約束草案」（2015年 7 月17日地球温暖化対策推進本部決定）。

条約事務局に登録した。2013年度の温室効果ガス総排出量は14億800万 t-CO_2となり、2005年度比から0.8％、1990年度比から10.8％増加した[8]。

2 気候変動への適応の取組み

適応に関しては、個別的な取組み[9]のほか、総合的・分野横断的な取組みについては、環境省の下、2007年に設置された地球温暖化影響・適応委員会、2010年に設置された気候変動適応の方向性に関する検討会が報告書を公表しており[10]、また、2012年4月27日に閣議決定された「第四次環境基本計画」では、「最も厳しい緩和努力をもってしても、今後数十年間の地球温暖化による影響は避けられないと考えられることから、……適応策を引き続き推進していくとともに、……適応能力の向上を図るための検討を実施することが必要である」とされ、同年9月14日に革新的エネルギー・環境会議が決定した「革新的エネルギー・環境戦略」にも、「避けられない地球温暖化影響への対処（適応）の観点から政府全体の取組を『適応計画』として策定する」との一文が含められた。

2015年3月10日、中央環境審議会は、環境大臣に対して、日本における気候変動による影響の評価に関する報告と今後の課題について意見具申を行った[11]。意見具申では、「農業・林業・水産業」「水環境・水資源」「自然生態系」「自然災害・沿岸域」「健康」「産業・経済活動」「国民生活・都市生活」

---

(8) 環境省「2013年度（平成25年度）の温室効果ガス排出量（確定値）について」（2015年4月）。

(9) 例えば、食料分野における適応について、農林水産省は、2007年6月に「農林水産省地球温暖化対策総合戦略」において地球温暖化適応策について言及し（2008年7月に改定）、2007年以降、農業生産現場における高温障害など地球温暖化によると考えられる影響や適応策などに関するレポートを毎年公表している。また、水災害分野における適応については、2013年12月には、国土交通大臣から社会資本整備審議会長に対し、「水災害分野に係る気候変動適応策のあり方について」が諮問され、2015年2月に社会資本整備審議会河川分科会気候変動に適応した治水対策検討小委員会が「中間とりまとめ」を公表している。

(10) 環境省地球温暖化影響・適応研究委員会「気候変動への賢い適応」（2008年6月）、気候変動適応の方向性に関する検討会「気候変動適応の方向性」（2010年11月）。

(11) 中央環境審議会「日本における気候変動による影響の評価に関する報告と今後の課題について」（意見具申）（2015年3月）。

の七分野について気候変動の影響が評価された。この評価に基づき、2015年11月27日、政府は、「気候変動の影響への適応計画」を策定した[12]。

III 気候変動の法的責任

1 問題提起

ここまで見てきたとおり、日本において気候変動リスクの緩和・適応の必要性は認識されてはいるものの、実効性ある取組みが十分になされているとは言い難い。しかし、現時点ですでに、気候変動の影響として、日本においても大気中の二酸化炭素濃度の増加、気温の上昇、大雨の頻度の増加、海面水温・海面水位の上昇、海氷の減少が観測され、農業・林業・水産業や自然生態系影響が現れていることが確認されている[13]。それでは、現在および将来において気候変動による損失と損害を受ける者は、原因者の責任を追及して何らかの救済を受けることが可能なのだろうか。司法その他の紛争解決機関はどう応えうるだろうか。

2 日本—シロクマ公害調停・裁判

2011年9月16日、ホッキョクグマ、日本環境法律家連盟含む環境系3団体と127名は、公害等調整委員会に対して、電力会社11社[14]を被申請人として、被申請人が事業活動に伴う二酸化炭素排出量を1990年比で29％以上削減することを求める公害調停を申請した。申請人の主張によれば、被申請人らの2007年度の総排出量は4億6283万トンであり、国内総排出量の約33％を占める[15]。申請人は、差止請求の根拠として、「気候享受権」——温室効果ガ

---

(12) 「気候変動の影響への適応計画」(2015年11月27日閣議決定)。
(13) 中央環境審議会「日本における気候変動による影響の評価に関する報告と今後の課題について」(意見具申)を参照。
(14) 北海道電力株式会社、東北電力株式会社、東京電力株式会社、北陸電力株式会社、中部電力株式会社、関西電力株式会社、中国電力株式会社、四国電力株式会社、九州電力株式会社、沖縄電力株式会社、電源開発株式会社である。
(15) 本件の「公害調停申請理由書」20頁を参照。

ス濃度が人類にとって危険ではないレベルで安定した大気組成の中で生きる権利――を提唱した。申請人の主張によれば、大気の安定的な組成に重大な影響を及ぼす温室効果ガス大量排出者に対しては、人類の誰もが、自己の生存を含む人類の生命・健康を守り、共有財産（コモンズ）としての安定的な大気組成を防衛する権利を有している。さらに申請人は、気候享受権が、途上国に居住する者・将来世代の人間・自然生態系を代弁する権利としても認められるべきであると主張した[16]。

　2011年11月29日、公害等調整委員会は、申請人が調停申請に至った理由として述べているのは地球温暖化問題であると判断し、「地球環境保全」施策と「公害」対策の本質的な相違を前提に、別個の規律を設けている現行法体系を踏まえれば、地球温暖化問題は、公害紛争処理法2条において引用された環境基本法2条3項の「公害」としてではなく、一義的には、同条2項の「地球環境保全」として取り組まれるべき課題であるため、申請人らの申請は、「公害に係る……紛争」（公害紛争処理法24条1項）が生じた場合に当たらないとして申請を却下した。気候享受権の権利性については判断しなかった。

　2012年3月14日には、35名が同様の公害調停申請を行ったが、同月28日に却下された。

　そこで2012年5月11日、申請を却下された者たちが、却下決定の取消しを求めて東京地裁に提訴した。2014年9月11日、東京地裁は、地球温暖化問題が「公害」（環境基本法2条3項）および「公害に係る被害」（公害紛争処理法26条1項）であるとの原告の主張について、「特定の事態がこれらの法令の規定する「公害」に当たるか否かについては、それがそのような事態への現行の法制度下での対応の在り方の選択に係る立法政策的な決定を基礎とする事項であることにも照らし、これらの法令において『公害』の内容として規定されているところの文言を踏まえて判断すべきものであると解される」としたうえで、環境基本法、大気汚染防止法、水質汚濁防止法等の文言に照らして、それ自体としては有害なものとはいえない二酸化炭素の地球全体の大

---

[16]　同45-49頁。

気中での濃度の変化による地球全体の温暖化は公害には当たらないと判断した。したがって、公害等調整委員会に対する調停申請も「公害に係る被害について、損害賠償に関する紛争その他の民事上の紛争が生じた場合」（公害紛争処理法26条1項）に該当するものであったとは認められないため、委員会の却下決定は適法であると結論付けた[17]。原告らは控訴したが、2015年6月11日、東京高裁は控訴を棄却した[18]。

3 アメリカ[19]

（1） 行政に対する気候変動対策促進訴訟

ブッシュ政権（2001～2008年）は、2001年3月の京都議定書離脱表明に見られるように、気候変動対策に消極的な態度を取り続けた。そのような状況においても、一部の州では、独自に、また、他州らと協力して気候変動対策を進めようとしてきたが、障害となったのが連邦法の専占である。アメリカでは、連邦法と州法が抵触する場合には連邦法が優先するため、州が立法により気候変動対策を進めることが難しかった。そこで、司法による解決が求められたのである。

① Massachusetts v. EPA

先に紹介したシロクマ公害調停の申請人が地球温暖化問題は「公害」であると主張する際に引用してきたのは、温室効果ガスが大気汚染物質であると判断したアメリカ合衆国最高裁判所の判決——Massachusetts v. EPA, 549 U. S. 497（2007）——である。

大気清浄法（Clean Air Act, CAA）202条（a）（1）は、合衆国環境保護庁（US Environmental Protection Agency, EPA）が、「公衆の健康や福祉を危険にさらすと合理的に予期される大気汚染を発生させるかそれを助長すると判断する、新品の自動車類または新品の自動車エンジン類からの大気汚染物質の排出に適用される基準を、本条に従い、規則によって定める……ものとす

---

(17) 東京地判平成26年9月10日裁判所ウェブサイト、LEX/DB25504828。
(18) 東京高判平成27年6月11日裁判所ウェブサイト、LEX/DB25447594。
(19) 大坂恵里「アメリカにおける気候変動訴訟とその政策形成および事業者行動への影響（一）」東洋法学56巻1号85頁以下（2012年）参照。

る」と規定している[20]。同法302条（g）において、大気汚染物質は、「あらゆる大気汚染因子またはそのような因子の結合であり、大気に排出されるか大気に入り込む、あらゆる物理的、化学的……物質または物体を含む……」と定義されている[21]。

　1999年10月20日、環境保護団体らが、EPA に対して、202条（a）（1）を根拠として、新車からの温室効果ガスの排出規制を求める規則制定の請願を出したが、2003年9月8日、EPA は、CAA が同庁に地球規模の気候変動に対処する規則を発する権限を与えていない、たとえ権限を有するとしても現時点で規則を制定することは賢明でない、という二つの理由から請願を棄却した[22]。そこで、マサチューセッツ州ら[23]が、DC 巡回区合衆国控訴裁判所に EPA の決定の審査を求めた。

　控訴裁は、2005年7月15日、EPA の規則制定拒否が CAA202条（a）（1）上の裁量権の適切な行使であると判断し、マサチューセッツ州らの訴えを棄却した[24]。しかし、最高裁では、2007年4月2日、裁判官9名中5名が温室効果ガスは CAA の「大気汚染物質」の広範な定義に十分に当てはまると判断し、EPA が CAA に基づいて新車からの温室効果ガスの排出を規制する権限を有すると認定し、原判決を破棄して本件を控訴裁に差し戻した[25]。控訴裁は、同年9月14日、EPA による規則制定拒否決定を破棄し、EPA に対して最高裁の法廷意見に従って手続を行うよう命じた。

　この判決により、EPA は、他省庁とともに、自動車およびその燃料から

---

(20) 42 U. S. C. §7521 (a) (1) (2015).
(21) 42 U. S. C. §7602 (g) (2015).
(22) 68 Fed. Reg. 52922 (Sept. 8, 2003).
(23) 12州、3地方自治体、1自治領に加えて、13の環境保護団体および再生可能エネルギー支援団体が原告となった。一方、EPA 側にも10州および6事業者団体が訴訟参加した。
(24) Massachusetts v. EPA, 415 F. 3d 50 (D. C. Cir. 2005).
(25) Massachusetts v. EPA, 549 U. S. 497, 528-532 (2007). 後に、合衆国最高裁は、EPA の温室効果ガス規制に関する事件において、Massachusetts v. EPA において温室効果ガスが大気汚染物質に関する広範な定義に含まれると判示したことは、EPA に温室効果ガスの規制を命じるものではなく、CAA の運用条項の下で EPA が規制を検討することができる多くの物質を示したものであると述べている。Utility Air Regulatory Group v. EPA, 134 S. Ct. 2427, 2441 (2014).

の温室効果ガス排出量を削減させることを目的とした新規則の制定に向けて、温室効果ガスが現在および将来の公衆の健康と福祉を危険にさらすかどうかの認定手続を進めることになった。そして、オバマ政権（2009年～）発足後は、移動発生源および固定発生源からの温室効果ガス排出の規制に積極的に取り組むようになった。

②大気信託訴訟

オレゴン州に本拠を置く Our Children's Trust（OCT）は、現在および将来の世代のために気候系を保護することを目的とする非営利団体である[26]。OCT は、2011年以降、複数の法域で公共信託理論に基づく気候変動訴訟――大気信託訴訟（atmospheric trust litigation）――を展開している。

公共信託理論とは、政府が、自然資源を市民の利益のために信託されたものとして保有して守る義務を負うという考え方で、ローマ法に由来する[27]。大気信託訴訟の提唱者は、ローマ法においては大気も共有物であったことを根拠に、信託財産＝大気の受託者である政府が気候変動対策を怠っている場合に、受益者である市民が原告となって、政府に対してその信任義務を履行するよう、すなわち、気候変動対策を行うよう求めることができると主張する[28]。また、気候変動対策に積極的な州であれば、信託財産＝大気の受託者という地位に基づき、その信託財産を守るために、気候変動対策を怠っている他州や連邦政府に対して、気候変動対策を行うよう求めることができるとも主張している[29]。

一連の訴訟のうち、8人の子どもたちが、ワシントン州環境局に対して温室効果ガス削減に関する規則を制定するよう請願したが棄却されたことについて、ワシントン州上位裁判所に対して司法審査を求めた Foster v.

---

(26) 詳細は、同団体のホームページ（http://ourchildrenstrust.org/）を参照。

(27) 公共信託理論の展開について、Joseph Sax, The Public Trust Doctrine, In Natural Resource Law : Effective Judicial Intervention, 68 MICH. L. REV. 471 (1970)、畠山武道「人々から信託された財産」『アメリカの環境保護法』（北海道大学図書刊行会、1992年）を参照。

(28) Mary Christina Wood, *Atmospheric Trust Litigation* in CLIMATE CHANGE READER (W. H. Rodgers, Jr. and M. Robinson-Dorn, eds., 2011), https://law.uoregon.edu/images/uploads/entries/atmo.pdf.

(29) *Id.*

Washington Department of Ecology において、2015年11月19日、上位裁判所は、州環境局の棄却決定を維持する決定を行った[30]。それでも、裁判所は、決定理由の中で、「可航水域と大気は絡み合っており、二つを分けて論ずること、あるいは、温室効果ガス排出が可航水域に影響しないと主張することは荒唐無稽である」として、州環境局が温室効果ガスに関する規制を行うという義務は、州大気清浄法の文脈においてだけでなく、州憲法および公共信託理論においても認知されるべきであると述べており、原告の主張に理解を示していることが注目される[31]。

2015年8月12日には、21人の子どもたちが、合衆国、大統領、大統領行政府、連邦の関係省庁（エネルギー省、内務省、運輸省、農務省、商務省、国務省、国防総省、環境保護庁）を被告として、オレゴン地区合衆国地方裁判所に提訴した。原告は、裁判所に対して、合衆国憲法第5修正（デュープロセスおよび平等保護）、同第9修正、公共信託理論を根拠に、(i) 連邦政府が大気中で危険な温室効果ガス濃度を生ぜしめ、かつ、安定化した気候システムへ危険な干渉を行うことによって、若者および将来の世代の生命、自由、財産に関する憲法上の基本的権利と公共信託財産を侵害していると宣言すること、(ii) 科学に基づく気候回復計画の実施を通じて国内の二酸化炭素排出を大幅に減らすことによって、これらの憲法上の権利を保護することを、連邦政府に対して命ずるよう求めている[32]。

（2） 気候変動ニューサンス訴訟

温室効果ガスも「大気汚染物質」であるならば、ばい煙等による大気汚染公害と同様に、温室効果ガス排出から生じる被害について、排出者を被告として損害賠償や差止めを請求することができるのか。以下で紹介するのは、シロクマ調停と同様、温室効果ガスを多量に排出する私人の民事責任が追及された訴訟である。

---

(30) Foster v. Washington Department of Ecology, 2015 WL 7721362 (Wash. Super. Nov. 19, 2015).

(31) Id. at *3.

(32) Juliana v. United States, No. 6 : 15-cv-01517-TC, 2015 WL 4747094 (D. Or. Aug. 12, 2015).

① People of the State of California v. General Motors Corporation──損害賠償請求訴訟

2006年9月、カリフォルニア州は、自動車メーカー6社が製造する自動車から排出される二酸化炭素が地球温暖化に寄与していることに連帯責任を負うと主張して、連邦コモン・ロー上のパブリック・ニューサンスまたは州民法典上のパブリック・ニューサンスに基づき、カリフォルニア北部地区合衆国地裁に損害賠償請求訴訟を提起した。州独自の自動車排ガス規制についてEPA の承認が得られない状況下での苦肉の策であった。

2007年9月17日、地裁は、気候変動対策が公共政策ひいては外交政策に関わる点で政治的問題を提示しているため、原告の請求には司法判断適合性がないとして、本件を却下した(33)。州は、第9巡回区合衆国控訴裁に控訴したが、オバマ政権に代わってから気候変動対策が進展していることを理由に、2009年6月19日に控訴を取り下げた(34)。

② Comer v. Murphy Oil USA──損害賠償請求訴訟

ミシシッピ州に居住するComer らは、州内の石油会社、石炭会社、電力会社、化学会社が地球温暖化に寄与した結果、海面が上昇し、ハリケーン・カトリーナの勢力が拡大したために、原告ら個人および公共の不動産を破壊したと主張して、州コモン・ロー上のパブリック・ニューサンス、プライベート・ニューサンス、トレスパス、ネグリジェンス等に基づき、填補的損害賠償および懲罰的損害賠償を求めるクラス・アクションをミシシッピ南部地区合衆国地裁に提起した (Comer I)。

地裁は、原告適格の欠如と政治的問題を理由に、本件を却下した(35)。2009

---

(33) California v. General Motors Corporation, No. C06-05755, 2007 WL 2726871 (N. D. Cal. Sept. 17, 2007).

(34) *See*, Joanne Lichtman, California v. General Motors: State Moves to Voluntarily Dismiss Climate Change Lawsuit against Major Automakers, http://www.globalclimatelaw.com/2009/06/articles/climate-change-litigation/california-v-general-motors-state-moves-to-voluntarily-dismiss-climate-change-lawsuit-against-major-automakers/.

(35) Comer v. Murphy Oil USA, No. 1:05-CV-436-LG-RHW, 2007 WL 6942285 (S. D. Miss. Aug. 30, 2007).

年10月16日、第5巡回区合衆国控訴裁は、原告適格を認め、原告らの請求が政治的問題を提示しないとして、地裁に差し戻す判決を出した[36]。その後、被告側による大法廷での再弁論の申立てを一旦は認めたが[37]、2010年5月28日、裁判官の回避等によって再弁論のための定足数に達しないという事態が生じたため、同申立てを却下したうえで、原審での本件却下の判断を維持した[38]。同年8月26日、原告らは、控訴裁の判断を破棄することを求めて、合衆国最高裁に職務執行令状の申立てを行ったが、2011年1月10日、最高裁が申立てを却下したため、地裁での本件却下という判断が確定した[39]。

その後、2011年5月27日、再びComerが代表原告となり、Comer Ⅰの被告数を上回る90社を超える企業に対して、州法上のパブリック・ニューサンスおよびプライベート・ニューサンス、トレスパス、ネグリジェンスに基づく填補的損害賠償、懲罰的損害賠償その他適切なエクイティ上の救済と、連邦法が州不法行為法上の請求を専占しないという宣言的判決を求めるクラス・アクションをミシシッピ南部地区合衆国地裁に提起した（Comer Ⅱ）。2012年3月20日、地裁は、本請求が本質的にはComer Ⅰの請求と同一であると判断し、既判力および争点効を理由に本件を却下した。さらに地裁は、原告適格を欠くこと、政治的問題を提示していること、CAAが州不法行為法を専占すること、原告らの請求権が時効消滅していること、そして、被告らの排出が原告らの被害の近因となっていることを原告らが証明できていないことを指摘した[40]。原告らは第5巡回区合衆国控訴裁に控訴したが、2013年5月14日、控訴裁は、既判力に基づき本件を却下した原審の判断を維持した[41]。

③ Native Village of Kivalina v. ExxonMobil Corporation——損害賠償請求訴訟

2008年2月、アラスカ州キヴァリナ村民は、石油会社、電力会社、石炭会社が連帯して地球温暖化に寄与しているために、村落の土地が大規模な浸食

---

(36) Comer v. Murphy Oil USA, 585 F. 3d 855（5th Cir. 2009）.
(37) Comer v. Murphy Oil USA, 598 F. 3d 208（5th Cir. 2010）.
(38) Comer v. Murphy Oil USA, 607 F. 3d 1049（5th Cir. 2010）.
(39) *In re* Ned Comer, 131 S. Ct. 902（2011）.
(40) Comer v. Murphy Oil USA, Inc., 839 F. Supp. 2d 849（S. D. Miss. 2012）.
(41) Comer v. Murphy Oil USA, Inc., 718 F. 3d 460（5th Cir. 2013）.

を受けており、将来には移住を余儀なくされるとして（その費用を9500万〜4億ドルと予想）、連邦コモン・ロー上のパブリック・ニューサンス、州コモン・ロー上のプライベート・ニューサンス、パブリック・ニューサンス等に基づいて、カリフォルニア北部地区合衆国地裁に損害賠償請求訴訟を提起した。本件は、原告らがアラスカ先住民族イヌピアットであることから、気候的正義に関する事件として注目された。

2009年9月30日、地裁は、連邦コモン・ローに基づく請求について政治的問題を提示しており原告適格もないと判断し、州コモン・ローに基づく請求については付加管轄権を否定して[42]、本件を却下した[43]。2012年9月22日、第9巡回区合衆国控訴裁は、後述の AEP 合衆国最高裁判決を引用し、「一つの訴因が排除されるなら、排除はあらゆる救済へと拡大適用される」ため、原告らの損害賠償請求権も排除されるとして、原判決を維持した[44]。その後、原告らは合衆国最高裁に裁量上訴の申立てを行ったが、2013年5月20日、最高裁は申立てを却下した[45]。

④ American Electric Power Co., Inc. v. Connecticut——差止請求訴訟

2004年7月、コネチカット州を含む複数の州およびニューヨーク市からなる原告団と複数の環境保護団体からなる原告団が、それぞれ、大手電力会社5社に対する訴訟をニューヨーク南部地区合衆国地裁に提起した。両原告団とも、被告らが二酸化炭素を排出して地球温暖化に寄与することで公衆の権利を妨害しており、そのことが州際に及ぶニューサンスに関する連邦コモン・ローまたは州不法行為法違反に該当すると主張して、被告らがそれぞれ二酸化炭素排出量の上限を定めて最低10年間は毎年一定割合で排出量を削減していくことを義務付ける内容の判決を求めた。

地裁は、2005年9月15日、各訴訟について、司法判断に適さない政治的問題を提示しているという理由で却下した[46]。第二巡回区合衆国控訴裁は、

---

(42) *See*, 28 U. S. C. 1367.

(43) Native Village of Kivalina v. ExxonMobil Corporation, 663 F. Supp. 2d 863 (N. D. Cal., 2008).

(44) Native Village of Kivalina v. ExxonMobil Corporation, 696 F. 3d 849 (9th Cr. 2012).

(45) Native Village of Kivalina v. ExxonMobil Corporation, 133 S. Ct. 2390 (2013).

(46) Connecticut v. American Electric Power Co., 406 F. Supp. 2d 265 (S. D. N. Y. 2005).

2009年9月21日、原判決を破棄した[47]。まず、本件の司法判断適合性について、各訴訟は政治的問題の法理によって禁じられないとし、原告適格も認めた[48]。本案については、原告全員がニューサンスに関する連邦コモン・ローに基づく請求の原因を陳述しており、原告らの請求権は連邦制定法であるCAAによって排除されないと判断した[49]。それは、控訴裁が本件を判断している時点では、EPAがCAAに基づく温室効果ガス規則を発布しておらず、EPAが規則制定過程を完了するまでは、同規則が原告らにより提起された特定の問題を直接的に取り扱っているのか否かを推測することができない、という理由によるものであった[50]。

しかし、合衆国最高裁は、2011年6月20日、審理に参加した裁判官8名[51]の全員一致で、CAA自体が国内の発電所からの二酸化炭素の排出を制限しようとする手段を与えており、それは連邦コモン・ローを行使することによって原告らが求めているのと同じ救済であるため、前者は後者を排除すると判断し、原判決を破棄して原審に差し戻した[52]。州法に基づく請求については、原審が判断しなかったことと、最高裁においても両当事者とも専占[53]に関する書面を提出せず、州のニューサンス法に基づく請求権の適用可能性についても主張しなかったことを理由に判断しなかった[54]。

その後、CAAが州コモン・ローに基づく不法行為請求を排除するか否かという争点について、Bell v. Cheswickにおいて第三巡回区合衆国控訴裁が、Freeman v. Grain Processing Corp.においてアイオワ州最高裁が、前者は後者を専占しないとする判断を示した[55]。ComerⅡにおける地裁の見解とは

---

(47) Connecticut v. American Electric Power Co., 582 F. 3d 309 (2d Cir. 2009).
(48) *Id.* at 321-349.
(49) *Id.* at 387-388.
(50) *Id.* at 371-388.
(51) 9名中1名は、最高裁裁判官就任前の第二巡回区合衆国控訴裁裁判官であった時に原審の合議体の一員であったため、本件を回避した。
(52) American Electric Power Inc., v. Connecticut, 131 S. Ct. 2527 (2011).
(53) 合衆国憲法第六編二項の最高法規条項に基づいて、連邦法と州法が抵触する場合には、連邦法が優先され州法は無効となる。
(54) 131 S. Ct. 2540.
(55) Bell v. Cheswick, 734 F. 3d 188 (3d Cir. 2013)（石炭施設からの臭気、灰、汚染物質に

異なることが注目される。いずれについても裁量上訴の申立てがなされたが、合衆国最高裁は受理しなかった[56]。

4　オランダ— Urgenda Foundation v. Kingdom of the Netherlands

Urganda 財団は、持続可能社会への迅速な転換を目指す市民団体である[57]。2013年11月20日、財団は、自らおよび個人886名を代理して、オランダ王国および社会基盤・環境省を被告として、危険な気候変動のリスクを防止する目的で、または少なくともそのリスクを減らす目的で、国内の二酸化炭素排出量を劇的に削減することを要求する訴訟をハーグ地方裁判所に提起した。

2015年6月24日、地裁は、Urgenda の原告適格を認め[58]、国に対して、オランダの温室効果ガス年間総排出量を2020年末までに1990年比で少なくとも25％削減するよう求める命令を——この命令が三権分立に違反しないとの理由付きで——出した[59]。国は控訴したが、本判決は仮執行が可能となっている。判決理由の概要は以下のとおりである。

①注意義務違反の根拠

Urgenda に対する国の法的義務は、オランダ憲法21条、国際法上の無危害原理、国連気候変動枠組条約およびその関連条約、欧州連合の機能に関する条約191条および EU 域内排出量取引制度指令と2020年目標に向けた排出量削減の加盟国間の努力分担に関する決定から導くことはできない。そして、これらのルールおよび欧州人権条約2条・8条は、Urgenda の権利を直接生み出すことはできないが、国が Urgenda に対して負う注意義務を履

よる被害); and Freeman v. Grain Processing Corp., 848 N. W. 2d 58 (Iowa 2014)（とうもろこし湿式製粉施設からの汚染物質、臭気による被害).

(56)　GenOn Power Midwest, L. P. v. Bell, 134 S. Ct. 2696 (2014); and Freeman v. Grain Processing Corp., No. 14-307, 2014 WL 4542764 (U. S. Dec. 1, 2014).

(57)　詳細は、同財団のホームページ (http://www.urgenda.nl/) を参照。

(58)　オランダでは、1994年の改正で導入された民法305a条により、団体訴権が認められている。

(59)　Rb. Den Haag 24 juni 2015 (Urgenda/Nederlandse Staat), http://deeplink.rechtspraak.nl/uitspraak?id=ECLI:NL:RBDHA:2015:7196. 本稿における本件の概要は、英訳された判決文に基づく。

行していないかどうかという問題を論じる際にはなお意味を有する。なぜなら、第一に、これらのルールから、国家が与えられた任務と権力の行使について国が有する裁量の程度が導かれるし、第二に、これらのルールに定められた目的が、国家が遵守することを期待される注意義務の最低水準を決定することに関連するからである。したがって、裁判所は、国家の注意義務の範囲および国家が有する裁量の範囲を決定するために、国際上および欧州の気候変動政策とそれらの政策が根拠とする諸原則も考慮する。

②社会に対する相当な注意義務の違反と裁量権

国家が危険な気候変動を防止するために十分な温室効果ガス削減措置をとったか否かという注意義務違反の有無を判断する要素のうち、とりわけ関連性があるのは以下の二つである。第一に、国に不法な危険過失があるかどうかを評価しなければならない。第二に、政府の行為を評価するにあたっては、国の裁量が関連してくる。

③相当な注意を判断するための要素

社会に向けて相当な注意を払って行動することを国に義務付ける「危険過失」の法理は危険な気候変動というテーマと類似性があるため、以下に述べる基準は危険過失の法理に由来する。

原則として、国家の政策決定の範囲は、制定法において国家に付与された義務と権限によって決定される。憲法21条の下、国は、それが適切とみなす態様で気候政策をまとめる権限に関して幅広い裁量を有している。しかし、その危険性の性質（地球規模の原因）とそれによって具体化される任務（オランダにおける生活環境を損なうことになりうる地球的危険に関する分担されたリスク管理）のため、国連気候変動枠組条約および欧州連合の機能に関する条約に定められているような目的や原則が、政策決定と注意義務の範囲を決定する際に考慮されるべきである。

国際上の気候政策の目的および原則は、国連気候変動枠組条約2条・3条に定められており、それらのうち公平性原則（世代間公平、世代内公平）、予防原則、持続性原則が、政策決定と注意義務の範囲を確立するのに特に関連している。欧州の気候政策の目的は、欧州連合の機能に関する条約191条1項に定められており、高い環境保護水準の原則、予防原則、未然防止原則が

本件に関連している。欧州連合の機能に関する条約191条3項も、EUが環境政策を決定するにあたって、利用可能な科学的・技術的情報、域内の様々な地域における環境状況、措置をとることととらないことから生じうる便益と害、域内全体の経済的・社会的発展と各地域の安定した発展を考慮することを意味している。

　ここに述べられた諸目的と諸原則は、直接的な効果を有するわけではないが、国家がその権限を行使する枠組みと態様の大部分を決定している。それゆえ、これらは、国がUrgendaに対して違法な行為をしているかどうか評価する際の重要な観点を構成する。上記すべてをかんがみ、国が現在の気候政策に相当な注意を行使しているか否かという問題への答えは、客観的基準に従って、人と環境にとって危険な気候変動を防止するために国がとる削減措置が、国の裁量権の観点からも十分であるかどうかによる。国家の注意義務の範囲を決定することにおいて、裁判所は、以下の事柄を考慮することになる。

　(i) 気候変動の結果として生じる損害の性質と範囲
　(ii) 当該損害の認識、予見可能性
　(iii) 危険な気候変動が生じる見込み
　(iv) 国家の作為（または不作為）の性質
　(v) 予防的措置をとることの困難さ
　(vi) 公法原則にかんがみて、最新の科学的知識、安全措置をとるための利用可能な（技術的）選択肢、かつ、とられることになる安全措置の費用便益比を考慮した、国の公的義務を行使する裁量

　④注意義務と削減目標に関する結論
　緩和措置が講じられない場合に起こり得る気候変動の結果が深刻であり、有害な気候変動のリスクが重大であるため、裁判所は、国家が緩和措置をとる注意義務を有すると結論する。現時点での温室効果ガス排出量へのオランダの寄与度が小さいことは、この結論に影響しない。有害な気候変動を防止するためには、最低でも（温室効果ガスの大気中濃度を450 ppm以下にする）450シナリオが必要とされるため、オランダは当該シナリオを支援するための削減措置をとらなければならない。

2020年に向けた EU の最大20％削減（オランダにおいては約17％削減）という現在の排出量削減政策をもって、国が、（世界の平均気温の上昇を産業革命前に比べて2度未満に抑える）2度目標を達成するために付属書Ⅰ国に義務づけられた基準を達成していないことは確定した事実である。2020年に向けたより高い削減目標（40％、30％または25％）は、国が選択した20％より低い目標と比べ、長期にわたってより低い温室効果ガス累積総排出量をもたらすだろう。

⑤帰責性

将来的な措置がとられない場合に現在から2020年までの間にオランダにおいて過度の温室効果ガス排出が生じることは、国の責めに帰することができる。結局のところ、国が、持続可能性社会への移行を推進するため、および、オランダにおける温室効果ガス排出量を削減するための規則制定その他の措置をとる権限を有するのである。

⑥損害

気候変動が生じている原因の一部がオランダの温室効果ガス排出にあることは確立した事実である。強雨のような負の結果がオランダにおいて経験されていること、オランダに「気候変動に対する耐久性」をつけるために適応措置がすでにとられていることも確立した事実である。さらに、オランダが原因の一部となっている地球規模の排出が大幅に減らなければ、危険な気候変動がおそらく起こるであろうことが立証されている。現在および将来の世代を含む、Urgenda が利益を代理している人々の損害発生可能性は非常に大きく具体的であるので、国は、注意義務を前提として、危険な気候変動を防止するために現状よりも適切な貢献をなさなければならない。

⑦因果関係

オランダの温室効果ガス排出と、地球的気候変動およびオランダの生活環境への（現在および将来の）影響との間には十分な因果関係が存在するとみなされうる。現在のオランダの温室効果ガス排出が地球規模では限定的であるという事実は、排出が気候変動に寄与している事実を変えるものではない。

⑧関連性

　安全な生活環境のために政府が注意を払うことは、少なくともオランダ領域全体にわたる。Urgenda が現在および将来のオランダ領域内で生活する人々の利益も促進するという事実のゆえに、気候変動と闘うことに相当な注意を払うという安全基準に違反することが、この結果として Urgenda が受ける損害と闘うことにも及ぶのであり、それによっていわゆる関連性要件も満たす。

Ⅳ　若干の考察

1　気候変動訴訟の限界

　私人に対して温室効果ガス排出の削減を求めることの可否について、日本のシロクマ裁判は公害等調整委員会が取り扱うことができる事件ではないと結論し、アメリカの Connecticut v. AEP も訴訟要件の審理で終わってしまっているため、本案に関する司法的判断はなされていない。もっとも、本案審理に進むことができたとしても、原告が、被告による温室効果ガス排出に起因する気候変動によって生じた損害を受けているか受ける可能性があるということを裁判所に認めさせることは容易ではない。シロクマ調停において、申請人らは、申請人自身に気候変動によって現在および将来の被害が生じることを主張し、温室効果ガス国内総排出量の3分の1を占める電力会社11社を被申請人とすることで被告およびその侵害行為の特定を試み、排出削減（差止め）の根拠として気候享受権という新しい権利を提唱した。しかし、被告らの温室効果ガス排出と原告の損害との因果関係の立証は、疫学的因果関係論と共同不法行為論を駆使した過去の一連の大気汚染訴訟以上に難問であろうし、被告らの温室効果ガスの排出行為の違法性についても、これまでの判例・裁判例から、受忍限度を超えるという判断がなされる見込みは低いと思われる[60]。

---

(60)　騒音と大気汚染による被害の損害賠償と差止めに関する国道43号線訴訟では、最高裁は、損害賠償の違法性判断では、①侵害行為の態様と侵害の程度、②被侵害利益の性質と内

国に対して温室効果ガス規制を求める訴訟は、アメリカとオランダで成果が見られるが、日本でも同様の成果が得られるという楽観的な見方は出来ない。日本の大気汚染防止法が温室効果ガスを規制対象としているか否かについて、シロクマ訴訟第一審判決は否定した。そもそも、原告適格について、Massachusetts v. EPA では州に対する特別な配慮、Urgenda 事件では団体訴権制度により認められたが、日本の同様の訴訟においては障壁となるであろう。また、後者においてオランダ政府が主張した三権分立および国の裁量は、日本においても無視できない論点である。

2 不法行為制度以外による損失と損害への対応

温室効果ガス対策が十分でないことが明らかであるのに、司法によって立法的・行政的措置を促すことが難しいのであれば、気候変動による影響が深刻化していくことは避けられない。日本国内において、気候変動の緩和と適応、気候変動がもたらす損失と損害の補償や回復にかかる費用の負担はどうあるべきか。気候変動の損害賠償責任を追及することは、加害行為と損害との因果関係――原告の損害をもたらした事象が気候変動に起因するものであって、被告の温室効果ガス排出行為が気候変動に寄与しているという関係――の立証の問題ひとつをとってみても、温室効果ガス排出削減（差止め）請求と同様、大きな困難が伴う。したがって、不法行為制度の限界を超えられない現状においては、不十分ながらも既存の公的支援と保険による対応が考えられる。

（1） 自然災害被災者への支援

気候変動の影響により台風の激化や洪水・高潮・土砂災害等の自然災害が増加することが予測されているが、自然災害の被災者に対しては、従来から支援制度が用意されている。

容、③侵害行為の持つ公共性ないし公益上の必要性の内容と程度等、④侵害行為の開始とその後の継続の経過及び状況、その間に採られた被害の防止に関する措置の有無及びその内容、効果等の事情を総合的に考察することになり、さらに③の判断にあたっては沿道住民の受益と被害との彼此相補関係を検討したが（最判平成7年7月7日民集49巻7号1870頁）、差止めの違法性判断では、②、③のみを考慮した（最判平成7年7月7日民集49巻7号2599頁）。

災害弔慰金の支給等に関する法律の下、自然災害により死亡した者の遺族には災害弔慰金が、自然災害により重度の障害を受けた者には災害障害見舞金が支給される。そして、自然災害により負傷または住居・家財に被害を受け、所定の所得制限にかからない者は、災害援護資金を借りることができる。また、被災者生活支援法の下、自然災害によりその生活基盤に著しい被害を受けた者に対しては、被災者生活再建支援金が支給される。

　これらの支援は、すべて公的負担により行われている。災害弔慰金および災害障害見舞金の原資は国１／２、都道府県１／４、市町村１／４、災害援護資金の原資は国２／３、都道府県・指定都市１／３、被災者生活再建支援金の原資は全都道府県が相互扶助の観点から拠出した基金１／２、国１／２である[61]。自然災害の増加とともに拡充が求められることになろう。

（２）　保険

　2015年10月、保険会社各社は、台風や豪雨などの自然災害が増えて、将来のリスクの予測が難しくなっていることを理由に、火災保険について10年を超える新規契約引受を廃止した[62]。実際、日本損害保険協会の統計によれば、過去最も保険金支払額が多かった風水害等10件のうち７件は、2000年以降に起こっている[63]。

　日本において、火災保険・共済の一世帯当たりの加入件数は約0.85（46,104,965件／54,171,475世帯、2012年３月31日現在）に達しているが[64]、多様な商品プランのなかには、保険料・掛金を下げる目的で水災補償や風災・雹

---

(61)　東日本大震災における支援金については、国の補助は４／５とされた。

(62)　「火災保険10年超廃止　損保各社、15年秋契約分から」日本経済新聞2014年９月16日。例えば、損保ジャパン興亜は、「自然災害の将来予測について不確実な要素が増していることから」（http://faq.sjnk.jp/tokuyaku/faq_detail.html?id=200725）と回答している。

(63)　一般社団法人日本損害保険協会「風水害等による保険金の支払い」（http://www.sonpo.or.jp/archive/statistics/disaster/pdf/index/c_fusuigai.pdf）。１位：平成３年台風19号（5,680億円）、２位：平成16年台風18号（3,874億円）、３位：平成26年２月雪害（3,224億円）、４位：平成11年台風18号（3,147億円）、５位：平成10年台風７号（1,599億円）、６位：平成16年台風23号（1,380億円）、７位：平成18年台風13号（1,320億円）、８位：平成16年台風16号（1,210億円）、９位：平成23年台風15号（1,123億円）、10位：平成12年９月豪雨（1,030億円）。

(64)　第６回被災者に対する国の支援の在り方に関する検討会（2014年５月23日）資料５：内閣府（防災）「災害に係る民間保険・共済の現状・課題等について」。

災・雪災補償を含まないものがあることに留意する必要がある。すでに保険業界や行政を中心に研究が進められているところであるが、ハザードマップの整備とともに、自然災害保険の――強制化の可能性も含めた――普及を図る必要がある。

V　結びに代えて

　本稿では、日本における気候変動リスクへの法的対応について論じた。

　日本の立法・行政は、気候変動対策のための措置を十分に講じているとは言い難い。そうかといって、司法を通じて気候変動の法的責任を追及する試みも上手くいっていない。私人の責任を争う排出抑制（差止）訴訟や損害賠償訴訟はもとより、国の気候変動対策を促進する訴訟も、アメリカとオランダでは奏功していても、日本においては見込みが薄い。気候変動の影響による自然災害は今後増加していくと思われるが、現行の公的支援や保険を拡充するだけでは不十分であることは明らかである。そうであれば、本稿において、気候変動への適応にかかる費用および気候変動による損失と損害の補償にかかる費用を原因者負担に基づいて調達する制度をどう構築するべきかという課題に回答すべきであったのだが、筆者の能力を超えるため、かなわなかった。別の機会に検討を試みたい。

結語　環境保健リスクへの対応に関する日仏の視点[*]

マチルド・オートロー＝ブトネ
訳：吉田克己

　環境リスクおよび保健リスクは、多くの点で、緊密に結びついており、さらには不可分であるようにすら見える。というのも、環境領域においても保健領域においても、その源には、多くの場合には、同一のリスク発生原因が存在するからである。より明確に言えば、この発生原因は、環境にとって潜在的または現実的な被害をもたらしうるが、それは同時に、人間にとっても、物質的、精神的そして身体的な側面において、潜在的または現実的な被害をもたらしうるのである。したがって、法によってそれらに対応しようとすると、人間の側面と同時に環境の側面を観察することが要請される。
　2015年3月15日に、早稲田大学法学部において、吉田克己教授の主宰の下で、この問題を検討する日仏の国際シンポジウムが開催された。この国際シンポジウムにおいては、原子力リスクや気候変動リスクのような一定の特別なリスクの検討が行われたが、この検討を通じて、上記の二重性が完璧なまでに明らかになった。これら2つの場合において、私たちは、人間とともに環境に影響を与える、あるいは別の言い方をすると、環境悪化を通して人間に影響を与える技術的なリスクに直面しているのである。
　この国際シンポジウムは、とりわけ、この種のリスクが複雑化しており、それに法が対応する必要性がいかに大きいかを示したように思われる。複雑化は、リスクの質的および量的な広がりと重要性に表現されている（1）。そして、それには、時として科学的な不確実性が伴っている（2）。

1 リスクの広がりに直面した法の対応

　今回の国際シンポジウムにおける原子力リスクおよび気候変動リスクに関する諸報告は、リスクの広がりのゆえに、立法者および裁判官がそれへの対応をどれほど要請されているかを示すことになった。私たちは、ここでは、量的・質的な次元において、レベルの変化に直面していると言うべきである。原理力リスクおよび気候温暖化をもたらす技術リスクは、ひとたびそれが現実化するならば、きわめて多くの被害者に対してきわめて多くの被害を惹起する。私たちは、フランスの学説が呼ぶところの《集団的被害》だけでなく、同様に《国境を超える被害》に、さらには《世代を超える被害》に直面しているのである。

　原子力リスクについては、マリー・ラムルゥ報告および中原太郎報告が示すように、原発事故に起因する被害があまりにも甚大であるために、立法者は、国内法の立法者であれ国際法レベルの立法者であれ、被害者への補償を容易にするための法制度を、時としてはリスク現実化の後であっても、整備することを要請された。立法者は、さまざまな被害の賠償を、それが出現してくる毎にそれに対応して、承認するように強いられた。その中には、ふるさと喪失に起因して一定の被害者が被った精神的被害のように、これまでにはない独特な被害も含まれている（日本法のケース）。立法者はまた、たしかに限定的または条件付きのものではあるが、事業者に課される客観的責任制度を創設した。

　気候変動リスクは、事故として突発的に現実化するというよりも徐々に漸進的に現実化するものである。これについては、数年前から国際公法上の課題としての対応がなされていることはたしかであるが、ここでは、国内法裁判官の果たす役割が増大している点を指摘する必要がある。というのも、一方では、サンドリーヌ・マルジャン＝デュボワ報告が説明したように、2015年12月11日に締結された気候変動に関するパリ協定は、今後は、締約国が、世界的広がりを持つリスクに対応することを義務づけているのである。締約国は、たしかにその固有の意思に基づく自主的な取組みとしてではあるが、温室効果ガス削減の諸措置を講じることを要請される。とりわけ、「緩和」

結語　環境保健リスクへの対応に関する日仏の視点
（マチルド・オートロー＝ブトネ）

目標を超えて、それと同時に、国際法上、温暖化の影響への「適応」が奨励される。ただし、他方では、大坂恵里報告とロラン・ネイレ報告が示すように、新たな傾向が現れている。国際法の規範が欠落しているという状況に直面して、気候変動の被害者は、国内裁判所に提訴し、裁判官が国家に対して、気候変動の効果を抑制するためにその義務を果たすよう命じることを求めるに至っているのである。この種の訴訟は、アメリカ合衆国において多く見られたが、長期にわたって裁判官によって否定され続けてきた。しかし、今日では、状況は従前と同じではない。多様な法的基礎づけに依拠しつつ、さまざまな裁判官が国家の責任を認めるに至っているのである。法的基礎づけとして用いられるものには、公的受託者の観念、国の権限行使上の懈怠（carence fautive）、注意義務違反（manque de diligence）、将来世代の権利などである。現時点では、日本とフランスの裁判官は、このような解決に冷淡である。しかし、将来的には、アメリカ合衆国、オランダ、パキスタンの裁判官が採用した解決に、共感を示すことはありうることであろう。

　原子力リスクの側面であれ気候変動リスクの側面であれ、この２つのケースにおいて、この国際シンポにおける諸報告が示しているのは、法は、常に一貫して事実に自らを適合させるよう要請されているということである。技術的には、手続的にも実体的にも、さまざまな法制度およびその適用条件を改善していくことが必要である。同時に、イデオロギー的に、その目的を方向づけていくことが必要である。実際、日本であれフランスであれ、同一の困難性が現れている。被害者への補償という至上命題と、私たちの国の経済発展とを両立させて調整することである。

２　リスクの不確実性に直面した法の対応

　本国際シンポの諸報告はまた、法が今日では技術の進歩に伴う環境保健リスクの広がりを取り扱う必要があるとしても、法はまた、補足的な困難性に対峙していることを示している。リスクにまとわりつく不確実性である。

　この科学的な不確実性がリスク自体の存在またはその規模に関わる場合を想定してみよう。この場合には、予防原則がその不確実性の法的な表現ということになる。エヴ・トルイエ＝マランゴ報告が示しているように、EU法

は、立法においてだけでなく判例においても、この原則をはっきりと認めている。それは、商品の自由な流通に対する抑制要因として作用する。フランス法とは異なり、日本法は、予防原則を認めていない。しかし、そうだとしても、日本法もまた、一定の条件の下で、一定の程度の科学的不確実性を考慮する可能性を排除していない。大塚直報告は、この点に関する状況を明確に示している。同報告は、日本における判例の検討を通じて、「抽象的」因果関係というよりも「具体的」因果関係に関する点において、相対的な科学的不確実性を受け入れるのに適した一定の法的テクニックが存在していることを示しているからである。ここで念頭に置いているのは、立証責任を緩和するさまざまな因果関係理論であり、また「平穏生活権」の承認を可能にする主観的権利論である。「平穏生活権」は、往々にして、水源汚染の領域において近隣生活者が被る保健上のリスクの存在を終了させることを可能にする。それは、フランスにおいて不安損害（préjudice d'anxiété）が承認されたことを想起させないわけでもない解決である。

　たしかに、科学的不確実性に関する理解は、議論するまでもなく、予防原則を承認しているヨーロッパ法とりわけフランス法のほうが深まっているようにも見える。しかし、子細に観察してみると、フランス法サイドであろうと日本法サイドであろうと、同じ困難を見出すことができる。裁判官は、被害者の利益を経済的利益に優先させるという結論を採用するために、どの程度の科学的不確実性であれば受け入れることができるのであろうか。予防または被害者への補償という至上命題を押し通すために、裁判官は、リスク現実化についてどの程度の蓋然性を要求する必要があるのであろうか。

　以上から導かれるのは、今回の国際シンポジウムの諸報告が喚起しているように、立法者や裁判官の役割ではなく、科学的専門家の役割の重要性である。よく知られているように、気候変動に関する国際制度の発展にとって、気候変動に関する政府間パネル（GIEC〔Groupe d'experts intergouvernemental sur l'évolution du climat〕。英語での略称はIPCC〔Intergovernmental Panel on Climate Change〕）が果たしている役割は大きい。それと同時に、きわめて複雑な一定の科学的事実の理解が裁判所において問題になるときに、このグループが決定的な役割を果たすこともまた、よく知られている。被害の存在を

確定し、その広がりを測定することは、このグループの役割に属する。しかし、それとともに、リスクが現実化するに至る場合には、因果関係の存在についても、このグループが判断すべきである。

　このようにして、この共同研究会を終えるに当たって私たちが感じるのは、一定の環境保健リスクの広がりと不確実性に直面するなかで、法は、その手法を改めて精錬することを求められているだけではなく、そのアクターの役割を再調整することを要請されているということである。

補論　環境リスク、環境損害と保険

小野寺　倫子

はじめに
　1　課題の設定
　2　叙述の順序
Ⅰ　環境リスクと保険―検討の前提
　1　リスク管理の手法としての保険
　2　環境リスクの領域における保険の特殊性
Ⅱ　環境損害の回復／賠償と保険―フランスにおける試み
　1　環境損害とフランスにおける環境リスク保険
　2　環境に関する賠償項目の一覧表化の保険への影響
おわりに

はじめに

1　課題の設定[1]

　環境に関わる領域では、いうまでもないことであるが、実際に被害が発生

---

(1) 本稿は、「環境とリスク」をテーマとする日仏の研究者による国際シンポジュウムの補論として位置づけられるものである。そこで、当該シンポジュームのテーマの延長線上にある主題として、環境リスク、環境損害と保険に関する問題を取りあげ、近時のフランスの状況を概観する。もっとも、筆者の専門は民法であり、また、本稿の執筆にあたって参照できた資料はきわめて限定的である。この問題に関する本格的な検討は後日専門の研究者にゆだねざるを得ない。

することを未然に防止しあるいは予防するための仕組みを整備することが要請される。しかし、それだけではなく、万が一、実際の被害が発生した場合にも対応しなければならない。環境リスク[2]の現実化に備えて、原因者負担原則の考え方に調和した費用に関するルールを構築することの重要性については、既に多くの研究において述べられていることであり、ここでは他言を要すまい。もっとも、そのようなルールを前提としても、環境への侵害行為の責任主体に資力がなければ、費用負担の義務の履行を現実に期待することはできない。したがって、単に侵害行為の原因者に当該行為から発生する環境関連費用について責任を負わせるための法的な仕組みだけではなく、その費用負担の履行を担保する仕組みが必要となる[3]。

そのような環境リスクへの財政的な担保手段の1つとして、保険の利用が考えられる。たとえば、環境リスクと保険に関するレポートが2003年にOECDの叢書の1冊として公表されており、そこでは、環境リスクと保険に関する問題として2つの領域が挙げられている[4]。1つは、産業活動・商業活動に伴う環境汚染のリスクに関する問題であり、もう1つは、自然災害

---

(2) 環境リスクとは、「人の活動によって環境に加えられる負荷が、環境中の経路を通じ、環境の保全上の支障を生じさせるおそれ」(大塚直『環境法 第3版』有斐閣 (2010) 250頁) などと定義される。

(3) 環境経済学の論者は、環境問題について未然防止の対策がすすめられた場合においても、事後的救済の必要性はなくならないことを指摘している。その理由としては、過去の環境被害の累積、被害の顕在化まで時間がかかるタイプの環境汚染、政治的な影響による未然防止的対策の限界、科学的知見の限界が挙げられる。他方において、従来の汚染者(原因者)負担原則(Polluter Pays Principle: PPP)(特に、被害補償、原状回復、行政対策費用なども考慮するいわゆる日本型PPP)の枠組みによる汚染費用の負担には限界が存在する。事後対策費用が原因者の資力を越える場合、加害者-被害者構造の複雑化によってPPPの単純な適用が困難な場合、環境被害顕在化の時点で原因者が不存在・不明な場合などである(除本理史『環境被害の責任と費用負担』有斐閣 (2007)、1-9頁)。

(4) OECD, *Environmental Risks and Insurance A Comparative Analysis of the Role of Insurance in the Management of Environment-Related Risks*, Policy Issues in Insurance, No. 6, 2003 (本稿ではフランス語版 (OCDE, *Une analyse comparative du rôle de l'assurance dans la gestion des risque liés à l'environnement*, Aspects fondamentaux des assurance, No. 6, 2004) を参照). ただし、無署名のまえがきによると、同レポートは、OECDの公式見解ではなく、著者 A. Montini の個人的な研究として位置づけられている。

がもたらす環境リスクの問題である(5)。どちらの領域においてもリスク分散化のための検討が必要であるが、以下本稿では、前者、つまり人為的な環境リスクと保険に関する問題を扱う。さらに、筆者のこれまでの研究との関連から、特に、環境損害という概念が環境リスク保険に及ぼす影響に注目することにしたい(6)。

　環境法学の外に目を転じるならば、既に環境リスクと保険に関する問題を扱う研究がわが国においても紹介されている(7)。しかしながら、日本の環境法学における環境リスク研究(8)は、予防原則や行政法学における比例原則との関係において環境リスクの問題を扱うものが多く、この領域についての検討は未だ緒についたばかりのように思われる(9)。これに対し、2004年のEU環境損害責任指令によりEU諸国においては、環境責任に基づく負担への備えは、環境損害にかかわる可能性を潜在的に有している事業者にとって

（5）　OCDE, supra note 4, pp. 8-9.
（6）　環境損害の救済における保険の役割について、たとえば、L. Neyret, *Atteintes au vivant et responsabilité civile*, préface de C. Thibierge, LGDJ, 2006, n°s 903s, notamment n°s 909-918。なお、環境損害については、本稿では、環境侵害から環境そのものに生じた損害という狭義の意味で用いる（大塚直「環境損害に対する責任」ジュリ1372号（2009）42頁、拙稿「人に帰属しない利益の侵害と民事責任―純粋環境損害と損害の属人的性格をめぐるフランス法の議論からの示唆―（1）」北法62巻6号（2012）517［42］頁などを参照）。
（7）　ポール・フリーマン＝ハワード・クンルーサー／齋藤誠＝堀之内美樹（訳）『環境リスク管理　市場性と保険可能性』勁草書房（2001）。原著は、P. K. Freeman and H. Kunreuther, *Managing Environmental Risk Through Insurance*, 1997, Kluwer Academic Publishers. 本稿では、専門の研究者による前記翻訳により引用し、訳書の頁の表示の後ろの（　）内に原著の頁を記載する。
（8）　たとえば、戸部真澄『不確実性の法的制御―ドイツ環境行政法からの示唆―』信山社（2009）、高橋信隆「環境リスクとリスク管理の内部化―EC環境監査制度の法的意義と実効性」同『環境行政法の構造と理論』信山社（2010）145頁、植田和弘・大塚直（監修）、損害保険ジャパン・損保ジャパン環境財団（編）『環境リスク管理と予防原則　法学的・経済学的検討』有斐閣（2010）、岸本太樹「環境リスク」新美育文・松村弓彦・大塚直編『環境法体系』商事法務（2012）56頁、藤岡典夫『環境リスク管理の法原則　予防原則と比例原則を中心に』早稲田大学出版会（2015）など。
（9）　保険実務家による問題提起として、村上友理「責任担保制度とその限界―環境責任の履行を確保するための保険化の課題：EU環境責任指令を中心として」新美・松村・大塚編『環境法体系』・前掲注8）所収、351頁。

現実的な問題となってきている。しかし、いかに環境侵害者に発生した損害の回復・賠償の責任を負わせたとしても、環境侵害者に十分な資力がなければ制度は有効に機能しない。つまり、環境侵害者にその結果に対する責任を負担させる仕組みと同時にその責任を財政的に担保する仕組みを構築する必要がある。そして、先行研究によると、環境損害責任指令以後のEU諸国で、環境損害の潜在的責任者たる事業者のための財政的な保証手段としておもにもちいられているのは、責任保険であるという[10]。

2　叙述の順序

以下では、まず前提として、保険概念について簡単に確認した上で、環境リスクの領域において保険を活用する場合の特殊性、問題の所在を明らかにすることからはじめよう（I）。

次に、環境に関わるリスクの中でも特に環境損害の領域において、現在どのような形で保険の活用が試みられているのか、フランスの例をみていく。フランスでも、2008年にEU環境損害責任指令が国内法化され、企業が保険によって行政警察法上の環境責任にもとづく環境回復費用の負担に備える必要性は現実のものとなってきている。また、フランス独自の事情として、2012年9月25日の破毀院刑事部判決（エリカ号事件）によって、民事責任法に基づく環境損害の賠償も肯定されている。このような状況の下で、フランスでは企業に対し、環境リスクに備えた保険への加入の必要性が宣伝されている。もっとも、環境損害をめぐるフランス法の状況は未だ形成途上にあるといわざるを得ない。たとえば、行政警察法上の環境責任に基づく回復措置は制定後こんにちまで実施の実績がないといわれる。また、民事責任の領域では、上述のように2012年の破毀院判決が環境損害の民事責任にもとづく賠償可能性を肯定したが、環境損害の賠償の具体的な内容については未だ不透明な点が多い。ところで、後者の点に関しては、近時、フランスの研究者グループが、環境損害の賠償における損害項目の一覧表化の作業を進めている。このような試みは環境リスクと保険という問題にどのような影響を及ぼ

---

(10)　村上・前掲注9）369頁。

すであろうか（Ⅱ）。

Ⅰ　環境リスクと保険—検討の前提

　保険制度自体の歴史は古く、多くの分野で潜在的なリスク保有者のリスク分散の仕組みとして利用されてきている。しかしながら、環境リスクとその管理は、それ自体、法的な課題として検討の対象となって日も浅い形成途上の領域であり、保険との関係で論じられるようになったのも比較的最近のことである。のちにⅡでみるようにEU諸国などで環境リスクに関する保険制度の利用が推進されている背景には、環境リスクの財政的保証の仕組みとしての保険の優位性が存在する（1）。もっとも、保険による環境リスク領域における保険の活用については、保険可能性やモラルハザードの危険といった点から、従来から保険の対象とされてきたリスクとは異なる問題の存在も指摘されている（2）。

1　リスク管理の手法としての保険

　本稿は、主たる読者として保険法の研究者を想定するものではないことから、まず保険についての基本的な定義を確認した上で（A）、環境リスクの領域での保険制度の積極的意義、他の財政的保証の仕組みと比べた場合の優位性について、経済学や保険実務からの主張に耳を傾けることにしよう（B）。

A　保険の定義

　保険とは何かについて、法律上の定義はないが、一般的には、「同種の危険（財産上の需要［入用］が発生する可能性）に曝された多数の経済主体（企業・家計）を一つの団体と見ると、そこには大数の法則が成り立つことを応用して、それに属する各経済主体がそれぞれの危険率に相応した出損をなすことにより共同的備蓄を形成し、現実に需要が発生した経済主体がそこから支払を受ける方法で需要を充足する制度」[11]、「同様の危険にさらされた多

---

(11)　江頭憲治郎『商取引法　第7版』弘文堂（2013）407頁。

数の経済主体が金銭を拠出して共同の資金備蓄を形成し、各経済主体が現に経済的不利益を被った時にそこから支払を受けるという形で不測の事態に備える制度」[12]などと説明される。日本法においては、保険契約について保険法2条1号が「保険契約、共済契約その他いかなる名称であるかを問わず、当事者の一方が一定の事由が生じたことを条件として財産上の給付（……）を行うことを約し、相手方がこれに対して当該一定の事由の発生の可能性に応じたものとして保険料（……）を支払うことを約する契約をいう」と定義している。けれども、個別の保険契約は、上記のような「保険」という制度の存在を暗黙の前提としており、保険法2条1号には明示されていない保険契約の本質的要素として、多数の保険契約の集積と大数の法則[13]があるとされる[14]。フランスでも同様に、保険とは、「一方当事者、つまり保険契約者が、報酬、すなわち保険料 prime（または cotisation）と引き換えに、自己または第三者に対して、リスク発生の場合に、他方当事者、つまり保険者（保険会社）による（金銭的）給付を約束させる取引であって、保険者は、リスク全体を引き受け、統計学の法則に従って、リスクを補償する」取引であると説明される[15]。

B　環境リスクにおける保険の意義

環境リスクに対する責任について原因者負担原則と調和する解決を実効的なものとするためには、原因者による義務の履行を担保するための枠組みを用意することが必要である。また、財政的保証のための制度は、潜在的責任者にとって、責任負担のリスクを分散、低減させる役割も果たす[16]。もっ

---

(12) 山下友信・竹濱修・洲崎博史・山本哲生『保険法　第3版補訂版』有斐閣（2015）2頁。

(13) 大数の法則とは、「個々の経済主体にとってみればまったく偶然かつ不測の出来事も、多数の主体について見れば一定期間内に少数の主体のみが現実にそれに遭遇し、しかもその度合いが平均的にほぼ一定していることが経験的・統計的に知られ」ることをいい、「保険制度は、この法則を利用して、同種の危険に曝された者の形成する団体に将来その出来事が発生する蓋然性を測定し、その全体の需要を充足するために各経済主体が出損すべき金額を合理的基礎の上に算出する（経営の計画性）ことにより成立する」（江頭・前掲注11）408頁注（2））。

(14) 山下・竹濱・洲崎・山本・前掲注12）3頁、5頁。

(15) G. Cornu (dir.), Association Henri Capitant, *Vocabulaire juridique*, 9ᵉ éd., PUF, 2011, p. 95.

(16) 村上・前掲注9）356頁。

とも、環境リスクの責任に関する財政的保証・リスク分散の方式としては、保険以外のあり方も検討できる。たとえば、船舶事故による海洋汚染の場合の環境損害については、補償基金制度を伴う国際条約によって規律されている[17]。環境損害の分野において一般的に財政的保証を検討する場合にも、理論的には、賠償金の支払いについての保証契約や潜在的汚染者の出損による基金の創設など、さまざまな方式が考えられよう[18]。

　しかしながら、保険実務家からは、「リスク分散とリスク低減という保険本来の機能」が十分に発揮されるならば、保険は、環境リスクという領域における「有効的かつ効率的な財政的保証手段」となりうると主張されている[19]。また、環境リスク管理の手法の一つとして保険制度を見た場合、政府給付制度よる公的なリスク負担や不法行為に基づく訴訟を通じた責任追及と比べて、効率的な手段として機能しうるという指摘もある。すなわち、政府給付制度は、低い執行費用で被害者の救済を行える点で利点を有しているが、他方で、「リスクや損害の可能性を減じるためにいっさいの配慮がなされていない」、「納税者の負担で特定の個人や企業に補助金を出している」、という欠点を抱えている[20]。他方、不法行為に基づく責任は、環境リスクに関する責任の再配分の仕組みとして制度設計されているが、環境リスク分野では科学的知見の限定性のゆえに因果関係の証明が難しく、また司法制度を利用するには高額の費用がかかる[21]。これに対し、保険の活用は、司法制度を利用した場合と比べて取引コストが低い、資金を効率的に被害の回復や補償のために配分できるといった点で優れているという[22]。

2　環境リスクの領域における保険の特殊性

　保険が環境リスク管理の領域において有効な手段の1つであるとしても、

---

(17)　大塚・前掲注2）181頁以下。
(18)　村上・前掲注9）356頁。
(19)　村上・前掲注9）352-353頁。
(20)　フリーマン＝クンルーサー（齋藤＝堀之内（訳））・前掲注7）12頁（p. 10）。ただし同書で具体例として挙げられているのはアスベストや土壌汚染による環境リスクの問題である。
(21)　フリーマン＝クンルーサー（齋藤＝堀之内（訳））・前掲注7）21-24頁（pp. 18-20）。
(22)　フリーマン＝クンルーサー（齋藤＝堀之内（訳））・前掲注7）32-37頁（pp. 26-30）。

損害保険や生命保険のような伝統的に保険制度が活用されてきた領域と同様に、この領域においても実際に保険制度を利用することが可能なのであろうか。Ⅱにおいて実際の環境リスク保険をみる前に、まずは、おもにフランスにおける近時の研究に依拠して[23]環境リスクに関する保険について、法的 (A)、技術的 (B) 2つの次元から、その特殊性と問題の所在を整理、確認しておこう。

A 法的次元における問題

法的な次元において環境リスクの保険可能性を検討する際のもっとも重要な概念は、偶然性（aléa）である。もっとも、偶然性は、どのような種類のリスクについてであれ、保険について考える場合には、重要な—保険契約の本質をなす—概念である[24]。しかし、環境リスクの場合には、その特殊性にてらして、偶然性について特別の考察が必要とされる[25]。

まず、前提として、一般的にあるリスクについて保険制度を利用することができるというためには、そのリスクは、「不確実で、将来的で、被保険者の意思とは独立の」ものでなければならない。事故の発生、発生の時期、発生の結果のすべてにおいて不確実性が存在しなければならず、リスクの偶然性とは、このことを意味する。上述のように、偶然性は、あらゆるリスクに関する保険において、基本的な構成要素となる。しかしながら、環境リスクにおける偶然性については、環境リスクには、事故的な環境リスク（risque environnemental accidentel）と漸進的な環境リスク（risque envitronnemental graduel）、2つの類型が存在するという点において特殊性が認められる[26]。

事故的類型の環境リスクとは、たとえば毒物を保管していた倉庫の火災による大気汚染や、有毒な液体の入ったタンクの爆発による近隣の河川の水質汚染のような突発的で、予見不可能な、そして被保険者の意思とはかかわり

---

(23) A.-G. Alexandre, *Risques envirnnementaux Approches juridique et assurantielle Europe et Amérique du Nord*, Préface d'Alain Piquemal, Bruylant, 2012. フリーマン＝クンルーサー／齋藤＝堀之内（訳）・前掲注7）45頁以下（pp. 37 s）も参照。

(24) B. Beignier en collaboration avec S. Ben Hadj Yahia, *Droit des assurances*, 2ᵉ éd., LGDJ, 2015, n° 29, nᵒˢ 170s.

(25) A.-G. Alexandre, supra note 23, pp. 58s.

(26) A.-G. Alexandre, supra note 23, p. 54, pp. 58-63.

なく発生する事故による環境被害のリスクである。この場合には、事故が保険者の意図的なものでないならば、原因行為、事故の発生、その影響の顕在化のすべての次元において偶然性の存在を肯定することができる。したがって、偶然性という要件に関して、保険可能性を阻害する問題は生じないとされる[27]。

これに対して、漸進的な環境リスクとは、突発性を有しない環境リスクである。つまり、環境に影響を及ぼす物質が反復的あるいは継続的に放出され、蓄積されて損害が発生するような場合を意味する[28]。このような漸進的な環境リスクについては、日本の先行研究においても、保険制度活用の難しさが指摘されている。漸進的環境リスクにおいては、保険加入者＝事業者は、保険加入以前の段階で汚染原因の存在とそのリスクについて認識、情報を有している可能性が高く、保険会社と事業者との間の環境リスクに関する情報の非対称性が、逆選択を招き、結果的に保険制度が機能不全に陥る危険が高いからである[29]。

もっとも、理論的には環境リスクを事故的リスクと漸進的リスクという2類型に分類できるとしても、実際には両者の間に明確な境界線を引くことが難しい場合も存する。事故的なリスクの場合にも、事故の原因となる行為が行われてから、その影響が顕在化するまでに同様の原因行為の反復や時間の経過を要する場合があるからである[30]。

B 技術的次元における問題

上述のように、保険は、大数の法則に基づくリスク発生の確率に関する統計的な計算に基づいて制度設計され、契約の対価である保険料の額もこのような計算によって定まることになる。環境リスクに関してそのような計算を行う場合には、リスク発生の頻度とその経済的規模の点で、特殊性が認められる。環境リスクがひとたび発生してしまうと、その損害の経済的規模は

---

(27) A.-G. Alexandre, supra note 23, pp. 58-59.

(28) A.-G. Alexandre, supra note 23, p. 59.

(29) 村上・前掲注9）354-355頁。なお、同書369頁によると、EU加盟国において実際に提供されている環境損害に備えた保険商品では、漸進的な環境損害についての免責を定めることが多いという。

(30) A.-G. Alexandre, supra note 23, pp. 59 s.

極めて大きくなる可能性が高い。とはいえ、リスクの発生頻度は小さいことから、経済的観点から見た場合に、保険制度が成立しえないというわけではない。しかし、リスク発生の結果、保険金額が保険会社が引き受けられる規模を上回る可能性があるため、そのリスクをさらに分散させる仕組みを用意しておくことが必要となる。そのための仕組みとして考えられるのが、共同保険や再保険である[31]。後にⅡでみるように、実際、フランスにおける環境リスク保険でも、そのような制度が利用されている。

　もう1つの技術的課題は、リスク評価に関するものである。環境リスクそのものが新しい概念であり、この領域でリスク評価を行うためのデータの蓄積は、現在のところ十分とはいえない。諸外国での経験を含め、現在までの環境リスク管理の領域における利用可能なデータを収集することはもちろんであるが、今後環境リスクに関するデータの蓄積を行っていくことが必要である。しかしながら、環境リスク評価については、さらに科学的知見の限界が障害となってくる。そして、科学的知見は時代により変化していくものであるから、それに伴って環境リスクの評価も変化をまぬがれない。さらに、環境リスクに対する社会的認識、あるいは法規制の変化の影響も、この領域におけるリスク評価の難しさの要因の1つであると指摘されている。これに加えて、発生した被害ないし、リスクにさらされている環境材の価値の経済的評価という課題も存する[32]。

　以上のように、その有用性が認識され、活用が要請されているにもかかわらず、環境リスク保険には課題も多い。しかしながら、諸外国では、さまざまな問題を抱えつつも、環境リスク管理手法の1つとして保険制度が実際に利用されてはじめている。以下では、フランスにおける環境損害に関する責任の領域での保険の活用について、具体的にみていくことにしよう。

---

　(31)　A.-G. Alexandre, supra note 23, pp. 81 s.
　(32)　A.-G. Alexandre, supra note 23, pp. 88 s. 村上・前掲注9）355-356頁。環境の経済的評価の試みの例として、森田果「環境損害の算定―CV（仮想評価法）を中心に」小塚一郎＝榊素寛＝高橋美加＝得津晶＝星明男編『商事法の新しい礎石　落合誠一先生古稀記念』有斐閣（2014）551頁も参照。

II　環境損害の回復／賠償と保険—フランスにおける試み

　本章では、環境損害の回復／賠償の実効性確保とリスク分散のための手段という見地から、現在のフランスにおける環境リスク保険を参照する。しかし、まずその前に、環境リスクと保険に関するフランス法の歩みを簡単に確認しておこう。

　フランスにおいて、環境リスク領域への保険の活用への道のりは順調だったわけではない。Prieur による環境法の体系書によると[33]、1960年代までは、ほとんどの場合、企業のトップのための一般的な民事責任保険において、環境汚染のリスクは考慮されておらず、一部の保険において、突発的な事故に起因する水、大気の汚染災害がカヴァーされていたに過ぎなかった。それどころか1970年代前半においては、責任保険において水や大気に生じた損害や、騒音、悪臭など環境リスクに関する除外条項が設けられるようになっていった。特別な付加条項においては、環境侵害のリスクにかかわる企業のトップの責任がカヴァーされていたが、それは、「事故的な汚染（pollution accidentelle）」だけを対象とする限定的なものであった。事故的な汚染の補償においては、原因事故の突発性（soudaineté）（＝偶発性、予見不可能性）が要件とされ、設備・施設の欠陥に起因する場合は「意図的な活動（action volontiere）に由来する損害」として補償の対象とされていなかった。また、補償の対象が民事責任に限られ、「第三者に生じた損害とは無関係な、知事の原状回復命令に基づく費用」の負担については補償が及ばなかった。環境リスクに関する付加的契約条項については、個別に交渉されていた上、保険代理店側の知識も十分ではなく、リスクの計算は問題のあるものだったようである。そして、1994年に、保険会社は、このような形での保険契約の提供

---

(33)　M. Prieur, *Droit de l'environnement*, 7ᵉ éd. Dalloz, 2016, nᵒˢ 1374 s. ただし、同書の環境汚染と保険に関する箇所で引用されているのは、ほぼ1970年代から90年代にかけての文献である。そのため最近の情況が反映されていない叙述も見られる。V. aussi, A. Pélissier, « Approche assurantielle de la Nomenclature des préjudices environnementaux », in L. Neyret et G. J. Martin（dir.）, *Nomenclature des préjudices environnementaux*, LGDJ, 2012, pp. 298-300.

を止めてしまう(34)。しかしながら、以下に見るように、フランスではその時期の前後を通じて現在まで環境リスク分野での保険活用のあり方が模索され続けている。

1 環境損害とフランスにおける環境リスク保険

フランスにおいては、上述のように1970年代から環境リスク分野における保険の活用への試みがみられたが、近時の環境損害という新たな法概念の台頭により、環境リスク保険の領域においても転機がおとずれている。

フランスの環境リスク保険において環境損害の補償が検討される契機となったのは、2004年のEU環境損害指令(35)をフランス国内法化するための2008年8月1日の法律（loi no2008-757 du 1er août 2008 relative à la responsabilité environnementale et à diverses dispositions d'adaption au droit communautaire dans le domaine de l'environnement, 環境法典L. 160-1以下）(36)である。同法律に基づく環境責任は、民事責任に関するものではなく、環境侵害を引き起こした事業者の行政警察法上の責任である。これによって、環境侵害を発生させる可能性を潜在的に有している事業者には、同法に基づく環境回復費用等負担のリスクが発生することになる。

フランスの共同再保険グループAssurpol(37)の長（2009年当時）Abrassartは、EU環境損害指令の国内法化によって環境に関する事業者の責任が増大するのにともない、事業者は、このような責任について保険によるリスクの分散という選択を行うことが考えられると指摘している。もっとも、事業者が既存の保険において環境領域におけるリスクをカヴァーすることには限界

---

(34) M. Prieur, supra note 33, n° 1375.

(35) EU環境損害責任指令と保険による責任の履行の財政的保証について、2010年の欧州委員会報告に依拠してEU加盟諸国の状況を一般的に検討するものとして、村上・前掲注9）359-373頁。

(36) この法律については、淡路剛久「環境損害の回復とその責任—フランス法を中心に」ジュリ1372号（2009）72頁、マチルド・ブトネ（吉田克己〔訳〕）「環境に対して引き起こされた損害の賠償」吉田克己＝ムスタファ・メキ編『効率性と法　損害概念の変容　多元分散型統御を目指してフランスと対話する』有斐閣（2010）336頁以下を参照。

(37) Assurpolについては、後述。再保険については、B. Beinier, *supra* note 24, n° 24 s.

がある[38]。なぜなら、既存の保険は、「補償が、アクシデントによる・突然の（accidentels et soudains）損害を生じさせる行為に限定され」、「保険金額が制限され」、「そこには環境責任についての記載がない」からである。したがって、環境に関わる領域においては、通常の責任保険とは別の、環境リスクに特化した保険が必要とされることになる[39]。FFSA（フランス保険会社協会、Fédération Française des Sociétés d'Assurances）のウェブサイト上でも、2015年3月2日付で企業における環境責任保険の必要性等に関して、一般向けのいわゆる"Q&A"が掲載されている[40]。そこでは、環境責任損害指令の国内法化に関する2008年8月1日の法律の説明に続き、環境リスク保険がカヴァーする範囲、担保や保証と保険制度の違いなどが説明されている。

A　Assurpol と環境リスク保険

ここではまず、環境リスクに特化した保険の説明において紹介されることの多い前出の Assurpol とフランスの環境リスク保険についてみていく[41]。

---

(38)　村上・前掲注9）369頁、371頁によると、EU加盟国では、従来の一般的な賠償責任保険等にカヴァー範囲等について変更を加えるなどして、EU環境損害責任指令に基づく責任に備えることが行われてきているものの、実際にそのような保険への加入により環境責任のための財政的保証手段を備える企業は多くないという。

(39)　É. Abrassart, « La résponse assurantielle », in *La responsabitité environnementale Prévention, imputation, réparation*, C. Cans (dir.), Préface de G. Viney, Dalloz, 2009, p. 233.

(40)　« La responsabilité environnementale et l'assurance des entreprises », http://www.ffsa.fr/sites/jcms/p1_476292/fr/la-responsabilite-environnementale-et-lassurance-des-entreprises?cc=fn_7316　なお、FFSAは、1937年に職業組合の形式で創設された組織であり、FFSAのウェブサイト（2015年9月当時）によると、加盟者（保険業務・再保険業務を行っている株式会社、相互保険会社、両形式の保険会社と外国の保険会社の支店）はフランス国内の保険市場の90％、フランスの保険市場における国際的な市場においてはほぼ100％に相当する。国内外の諸機関に対して保険業界を代表するほか、保険にかかわる諸問題に関する協議・分析の場、統計データなどの提供、公衆等への情報提供活動、保険業界にかかわる各種のプロモーション活動などを行っている。V. http://www.ffsa.fr/sites/jcms/fn_7320/fr/le-role-de-la-ffsa.

(41)　以下は、主として Assurpol, Gérérarités : l'assurance et réassurance des risques d'atteintes à l'environnemnt, 2008, http://www.assurpol.fr/Documents/Adherents/B4%20-%20Pres.%20procedure/Presentation%20Assurpol/Generalites.pdf および É. Abrassart, supra note 39, に依拠するが、いずれも内容が少し古いため、A. Chafik, O. Elkouhen, A. Gnimassou-

環境リスク保険の紹介の前に、まず Assurpol について説明しておこう[42]。Assurpol の前身は、1977年に創設された GARPOL である。GARPOL は、1988まで当該分野における保険可能性について先進的な取組みを行った後、1989年に Assurpol へと承継された[43]。Assurpol は共同再保険（co-réassurance）グループであり、経済利益団体（groupement d'intérêt économique : G.I.E.）[44]の形態をとる。その活動の主たる目的は、加入者である保険会社によって引き受けられた環境侵害リスクについて再保険を行うことであるが、当該分野におけるリスクの分析など活動の範囲は広い。Assurpol の加入者数は、2013年には、42であった。また、Assurpol が想定している潜在的な（元受保険の）保険契約者は、自然人が法人か、私的な主体であるか公的な主体であるか、活動の営利性は問われないが、「業として」、「経済的活動を」、「実効的に実施またはコントロールする」事業者であるとされる。たとえば、陸上の産業施設、サーヴィス業の従事者、地方公共団体である[45]。

　Assurpol は、当初、いわゆる指定施設に関する保険[46]を事業の主たる対象とするものであった。しかし、現在、Assurpol は、環境損害の賠償に関

　　　Lacarra N. Huruguen et F. Pina-Pena, L'assurance des risques de pollution, Mémoire, dirigé par D. Folus, l'Université Paris XI Dauphine, 2010-2011, http://www.hermosilloenlinea.net/drive/Projets%20et%20memoires/2010-2011/Assurance_Pollution_M218_Dauphine_2010_2011.pdf；APREF（フランス再保険事業者協会：Association des professionnels de la réassurance en France）のドキュメント APREF, Préjudice écologique et impacts en réassurance, 2013, http://www.apref.org/sites/default/files/espacedocumentaire/apref_note_prejudice_ecologique_impact_reassurance_2013.pdf　その他の文献も適宜参照している。
(42)　以下は2015年9月における Assurpol のウェブサイトによる。http://www.assurpol.fr/index.php?page=general. V. aussi, M. Prieure, supra note 33, n° 1376.
(43)　Assurpol, supra note 42, p. 3, M. Prieur, supra note 33, n° 1376.
(44)　経済利益団体とは、複数の自然人または法人から構成される法人である。その経済的な目的は、構成員の既存の活動を拡張し、それによって当該活動の促進または発展をはかることに存する（G. Cornu (dir.), Association Henri Capitant, supra note 15, pp. 497-498）。
(45)　ただし、Assurpol は、原子力、海洋掘削区域、海洋汚染等にかかわるリスクについては扱わない（É. Abrassart, supra note 39, p. 232, n1）。
(46)　指定施設とは、工場など、近隣における快適さ、健康、安全、公衆衛生、農業、自然・環境・景観の保護、農業、エネルギーの合理的利用、景勝・歴史的建造物・考古学的遺産の構成要素の保全に危険・支障をもたらす可能性がある施設をいう。1976年7月19日の法律に由来し、現在は環境法典 L. 511-1 以下に規定されている。

する民事責任法上の責任とEU環境損害責任指令、2008年8月1日の法律にいうところの環境責任の両方についての事業者のための保険を引き受けの対象としている。

　以上を背景としてこんにちフランスの保険市場で提供されている環境リスクのための保険では次のような補償が内容とされている。1つめの「環境侵害民事責任補償（garantie Responsabilité civile atteinte à l'environnement : garantie RCAE)」は、一定の要件の下で「被保険者が賠償を負担しなければならない環境侵害によって第三者に発生した身体損害、物的損害、無形損害をカヴァーする」ものである。2011年までは、狭義の環境損害はRCAEにおける補償の対象から除外されていた。しかしながら、2011年に、一定の保険・再保険では環境侵害民事責任補償の枠内で、環境損害についてもカヴァーの対象とされた。なお、環境侵害民事責任補償における環境損害の定義は、パリ控訴院2010年3月30日判決（エリカ号事件第2審判決）におけるそれに相当する内容となっている[47]。

　次に、「金銭的損失補償（garantie Pertes pecuniaires)」として「環境責任補償（garantie Responsabilité environnementale : garantie RE)」と「汚染除去費用補償（garantie Frais de dépollution)」とがある。前者は、EU環境損害責任指令、2008年8月1日の法律に基づく行政警察法上の環境責任に対応して、事業者の「環境被害の未然防止・回復の費用に相当する金銭的喪失」を

（47）　A. Pélissier, supra note 33, pp. 306-307 によると、すなわち、「2011年に、このような〔環境リスク専用保険における環境損害の補償の〕除外は、一定の再保険および保険の申込み（propositions）において廃止された」。そして、「一定の保険証券において環境損害の除外が維持される場合にも」、環境法典の規定による環境回復措置費用の保険によるカヴァーという形で、実際上、このような除外は回避されるのではないか、という。なお、FFSAの報告書ではgarantie RCAEにおける環境損害の定義は、「正統な集団的利益を侵害する特定の損害であって、物的被害および精神的または経済的損害から区別され、かつ大気、水、土壌、景勝、自然景観、生物多様性およびそれらの諸要素の相互作用への侵害から生じる〔損害〕」であるとされる（同論文に引用されている、FFSAの報告書《assurance et environnement, rapport de la FFSA du 11 juin 2009》については原典を入手ができなかったため、ここでは参考まで、同論文中の引用箇所を重引の上、訳出していることをお断りしておく）。エリカ号事件パリ控訴院判決については、拙稿「環境に対する侵害と民事責任——フランス法における純粋環境損害の賠償を手がかりに」私法77号（2015）215-216頁を参照。

カヴァーする。この場合、すべての環境損害とは、あらゆる環境損害を指すのではなく、上記指令・法律により事業者が責任を負う環境損害を指す。後者の補償については、損害の「検証のための第一確認」を前提として、「土壌および水の汚染除去費用（frais de dépollution des sols et des eau）」と、「不動産・動産の汚染除去費用（frais de déplllution des biens immobiliers et mobiliers）」とをカヴァーするとされる[48]。

B　事業者向け環境リスク保険の例

上述のAssurpolは再保険事業者であることから、フランスにおいて保険会社が実際に企業に提供している環境リスク保険についてもごく簡単にみておこう。

AXAのフランス版ウェブサイト[49]によると、同社が提供する環境リスク保険は、1つの契約で、環境侵害から発生する企業の責任を民事責任であれ環境責任であれ包括的にカヴァーするものであり、環境リスクに関する法制度に適合した内容になっていると紹介されている。具体的にカヴァーされる項目としては、環境侵害から第三者に発生した損害、付随的な損害の発生を防止するための緊急措置の費用、企業（被保険者）が管理している従業員や顧客の財、火災・爆発による環境への影響、生物多様性に生じた損害、土壌・水の汚染除去費用、企業の動産・不動産に汚染が生じた場合の汚染除去費用、企業が自己の責任によらず汚染被害を受けた場合の敷地・施設の原状回復費用、汚染除去の責任を負う会社（産廃処理業者などを指すと考えられる）が債務を履行しなかった場合に発生する汚染廃棄物の除去費用、企業が責任を負うべき事故に関する調査費用である。この保険には、オプションとして、環境汚染に起因する営業損失の補償、「環境負債」（企業が引き受けることになった過去の環境汚染の結果）、環境損害の発生による経営者の個人責任の補償などを付加することも可能である。弁護士費用など法的紛争解決に要する費用のための補償も用意されている。また、環境リスク保険に加入す

---

(48)　É. Abrassart, supra note 39, p. 234-235 ; A. Pélissier, supra note, p. 307.

(49)　https://entreprise.axa.fr/responsabilite-civile/risques-environnementaux.html#panel1, https://entreprise.axa.fr/responsabilite-civile/risques-environnementaux.html#panel2（本文は、2015年9月現在の内容に基づく）。

ると、リスク補償だけではなく、環境リスクの専門家チームによる様々なサポート・サービスが受けられることがうたわれている。

環境リスク保険はフランスのみで行われているわけではない。ヨーロッパ全域向けの環境リスク保険として、たとえばACEグループの事業者向け環境責任保険がある[50]。これは、環境侵害から生じた損害のうち、事業者自身の経済的損害、生物多様性損害（Biodiversity damage）、第三者に対する法的責任の3つをカヴァーするものである。ここいう生物多様性損害とは、環境責任指令の下で企業が負担する可能性のある費用を意味している。なお同グループのフランス版ウェブサイトで紹介されている環境責任保険の補償の範囲は、環境や人の健康についての予防的および緊急の費用、環境に関わる種々の被害についての民事責任、（民事以外の）環境責任、除染・原状回復費用、経営上の損失である。環境民事責任には、「第三者」に生じたのではない被害も含まれる[51]。

2 環境に関する賠償項目の一覧表化の保険への影響

上でみたように、フランスの環境リスク保険は、行政警察法上の環境責任とそれ以外の環境侵害に由来する民事責任の双方をカヴァーする事業者のための責任保険として設計されている。そこで問題となりうるのは、環境損害に関する行政警察法上の責任と民事責任との関係である。2012年9月25日破毀院刑事部判決（エリカ号事件）が、環境損害について、民事責任法に基づく賠償を肯定したからである。この判決の後、環境損害の賠償に関するフランス法の議論は、そもそも環境損害は民事責任法上賠償の対象となる損害として認められるかという次元から、環境損害として賠償の対象となる損害とは、具体的にどのような損害なのか、あるいは環境損害の賠償のための制度はどのようなものであるべきか、といった論点へと中心をシフトさせてきている。

---

(50) http://www.acegroup.com/eu-en/for-businesses/environmental-liability.aspx（本文は、2016年5月の内容に基づく）．

(51) http://www.acegroup.com/fr-fr/entreprises-et-collectivites/environnement.aspx.（本文は2016年5月の内容に基づく）．

このような観点から特に注目される研究として、Neyret、Martin らの研究グループによる環境に関する損害賠償項目の一覧表化の作業がある(52)。この一覧表化の作業の過程では、環境に関する活動を行っているさまざまなステークホルダーに対して意見聴取が行われている。保険に関しては、前出の FFSA や Assurpol がステークホルダーとして回答をまとめている(53)。また、環境損害概念の再保険への影響に関するフランス再保険事業者協会

---

(52) L. Neyret et G. J. Martin（dir.）, *Nomenclature des préjudices environnementaux*, LGDJ, 2012. 参考まで、同書16-22頁で提案されている環境に関する損害の賠償項目の一覧表について、項目だけを列挙しておく（実際の一覧表では、各項目に解説が付されている）。

第1章　環境に対して引き起こされた損害
§1　土壌およびその機能に対する侵害
§2　空気または大気およびそれらの機能に対する侵害
§3　水、水環境、およびそれらの機能に対する侵害
§4　種およびそれらの機能に対する侵害
第2章　人に対して引き起こされた損害
§1　集団的損害
A．生態系サーヴィスに対する侵害
1）調節的サーヴィスに対する侵害
2）資源供給サーヴィスに対する侵害
3）文化的サーヴィスに対する侵害
B．環境保護の任務に対する侵害
§2　個別的損害
A．環境侵害に起因する経済的損害
1）環境に対して引き起こされた損害に起因してもたらされた費用および将来の費用
a）未然防止措置［mesures de prévention］費用
b）〔侵害の影響の〕限定措置費用
c）修復措置費用
d）広報措置費用
e）追加的費用
2）財に対する侵害
3）利益または見込まれていた収益の喪失
B．環境侵害に起因する精神的（無形）損害
1）ブランド・イメージまたは評判に対する侵害
2）〔環境の〕享受に関する侵害
C．環境侵害に起因する身体損害

(53) L. Neyret et G. J. Martin, supra note 52, p. 50 ; APRF, Préjudice écologiqique et impacts en reassurance, 2013, p. 3（http://www.a@ref.org/sites/default/files/espacedocunebtaire/ 22._note_apref_aout_20130_-_prejudice_ecologique_et_impacts_en_reassurance.pdf）.

(Asociation des professionnels de la réassurance en France : APRF) のレポートにおいても、上記 Neyret、Martin らの研究への言及がみられるなど、この研究は、環境リスクと保険という領域に影響を及ぼしつつある。保険法研究者 Pélissier が、上記 FFSA や Assurpol の回答書をうけて、保険法から見た損害賠償項目一覧表化の意義と限界について検討していることから、次にみていくことにしたい。

A 環境に関する損害賠償項目一覧表の意義

　Pélissier によると、環境に関する損害項目一覧表の意義は、なによりも環境損害に関する用語の不統一という問題の改善に資するということである。そしてこのことは、短期的には、この責任による回復／賠償の対象のイメージの明確化をもたらすであろうし、もう少し長い目でみるならば、一覧表を基礎とした環境に対して生じた損害についての調査研究が、この領域において統計的取扱いを可能としつつも、発展変化をも受け入れるという、相反する要請の調整的機能を果たすことになるのではないか。とくに、後者の点で、損害項目一覧表の提案という方式には、損害の早見表化 (barémisation)、賠償対象となる損害項目のインフレーションのリスクという、保険業界にとっての2つの懸念事項の払拭が期待できる。統計によって損害についての予測が改善されていくべきであるとしても、損害の金銭評価を先行決定してしまうことや生物多様性に一定の価値を付与することは望ましいことではないし、賠償の対象となる損害項目の内容は、Neyret らのグループの提案がそうであるように、損害としての現実的な熟度に応じ、実定法に適合したものである必要があり、しかも今後の発展変化を阻害してはならないからである[54]。

　また、損害の法的根拠や責任主体ではなく、損害それ自体に着目することで、同一の被害に関する重複的な賠償の危険を回避することが可能であろう。さらに進んで、損害の性質に応じて保険契約を構築することによって、環境リスク保険の分野に革新がもたらされる可能性もある。現に、オランダの「一括汚染」型の保険契約では、保険契約者の土地で発生した事故に起因

---

(54) A. Pélissier, supra note 33, pp. 303-304.

する保険契約者および近隣の土地の汚染除去、原状回復の費用が補償されるが、近隣の土地の汚染に関する補償について、保険契約者の責任の有無は問題とされていないのである[55]。

B 環境に関する損害賠償項目一覧表化の影響の保険領域における限定性

他方において、Pélissierは、環境損害の賠償項目の一覧表化の作業が、環境リスク保険が有する課題の解決にとって決定的な意義を持つものではないとも指摘する。この一覧表は、以下のように環境損害に関する保険に関して、もっとも重要な課題を直接解決するものではないからである[56]。

まず、フランスにおいては、行政警察法上の環境責任と環境侵害による民事責任法との両者が併存しており、保険証券上もこれに対応して、上述のように環境責任の補償と環境侵害民事責任の補償とが区別されている。ところが、この両責任の境界は、必ずしも明確ではない。しかも、2008年8月1日の法律によって、環境犯罪の場合における損害賠償に関する民事の訴権が、従来から団体訴権を認められていた環境保護団体などだけではなく、地方公共団体等にも拡張されている。このことによって、両責任の競合という状況は、以前に増して深刻化している。損害の回復／賠償（réparation）の根拠が何であり、どのような要件で責任が発生するのか、ということを明らかにすることこそが、環境損害の賠償においてもっとも重要なのである。

もう1つの問題は、民事責任に基づく損害賠償金の使途に関するものである。支払いを命じられた損害賠償金は、実際に侵害された環境それ自体について用いられるべきであるが、現行の制度のもとでは、裁判官は、賠償金の使途をコントロールする権限を持たない[57]。

Pélissierによると、結局のところ、これらの環境損害と保険に関する核心的な問題は、今回のNeyretらが提案したような環境に関する損害の賠償の内容に関する問題よりも、むしろ上記2点にあり、特に後者の問題は、立法によって解決されるべき課題である[58]。

---

(55) A. Pélissier, supra note 33, pp. 307-309.
(56) A. Pélissier, supra note 33, p. 302.
(57) A. Pélissier, supra note 33, pp. 300, 303.
(58) Ibid. この問題に関しては、本稿末尾の付記および、拙稿「環境の法的保護―フランス

おわりに

　残された問題は多いが、フランスにおける環境リスク、とりわけ環境損害と保険に関する序論的考察をここでひとまず終えることにしたい。本稿では、フランスをはじめとする EU 諸国など、諸外国において、すでに、環境損害に関する法的責任についてのリスクの分散・管理の手法として保険の活用が試みられているという事実、そして同時に、環境損害という生成途上にある法概念について保険制度を構築する場合に検討されるべき問題の所在について確認を行ったに過ぎない。しかしながら、少なくとも、環境損害の回復／賠償に関する保険制度構築について、フランス法における目下最大の課題が、結局のところ、環境損害の回復／賠償そのもの、つまり、誰に、どのような根拠に基づき、どのような内容の責任を負担させるのか、という点にある、ということは明らかになったと思われる。したがって、Neyret、Martin らのグループによる環境に関する損害の賠償項目一覧表の提案という試みは、賠償対象となる損害項目についてのガイドライン作成という部分的なものではあるけれども、環境損害に関する責任の内容の明確化に一定の意義を有し、この領域における保険制度の発展に一定の寄与をもたらすものといえよう。

　損害発生の抑止という観点からみると、あるいは、特に民事責任に基づく環境損害の賠償について制裁的側面を強調する場合には、保険による環境に関する責任についてのリスクの分散化は消極的に評価せざるを得ないことになるであろう。しかしながら、環境リスク、とくに環境損害に関する分野においては、環境が受けたダメージの現実的な回復がまず目指されるべきである。また、この損害についての主たる潜在的責任者と想定される事業者に対して、責任負担のリスクを管理するための手段を同時に提供するのでなければ、環境損害という新たな法概念の導入自体について事実上ないし政治的困難を引き起こしかねない。そのための費用の現実的な財政上の担保のための

民事責任法における立法の試み」吉田克己＝片山直也編『財の多元化と民法学』商事法務（2014）502頁を参照。

手段として、保険の意義は大きい。損害発生の抑止については、刑事法など、他の手段の活用を検討することが可能であるし、保険契約の制度設計上の工夫によりモラルハザード等の問題を回避する方策についての提言も存する[59]。フランスをはじめとするEU諸国など諸外国における環境損害責任領域での保険の活用は、日本法において、今後、環境損害の法的救済のための制度設計について検討する際の参考となろう。

付記：本稿は、JSPS科研費（若手研究（B）：JP26780052、基盤研究（C）：JP16K03382）の助成を受けた研究成果の一部である。

脱稿後、フランスでは「生物多様性、自然および景観の回復のための2016年8月8日の法律第2016-1087号（Loi n° 2016-1087 du 8 août 2016 pour la reconquête de la biodiversité, de la nature et des paysages）」が成立したが、校正の段階でその内容を本稿に反映させることはできなかった。同法4条により民法典、環境法典の改正が行われ、民事責任法上の環境損害の賠償は制定法化された。今回の立法により、たとえば民事責任に基づく環境損害の賠償について現物賠償の優先性が明文化され（民法典1249条（2016年9月30日まで1386-22条）1項）、また、民事責任上の環境損害の評価において先行する環境の回復措置においても民事責任法上の措置が考慮されることとなった（同条3項、環境法典L. 164-2条）。もっとも、今回の立法によって、本文に記したような環境損害のための保険について従来指摘されていた問題がすべて解決されるのかどうかについては、さらなる検討を要しよう。

---

(59) 村上・前掲注9）358頁は、契約後の損失確率上昇に伴う保険料引き上げ、共同保険の活用、保険金支払額への上限設定などによる逆選択、モラルハザードの回避を提案している。

執筆者紹介

※マルチド・オートロー＝ブトネ（Mathilde Hautereau-Boutonnet）
　　エクス・マルセイユ大学講師、国立科学研究センター設置環境法講座担当者
※吉田　克己（よしだ・かつみ）　　早稲田大学教授
　エヴ・トルイエ＝マランゴ（Eve Truilhe-Marengo）
　　エクス・マルセイユ大学准教授
　中原　太郎（なかはら・たろう）　東北大学准教授
　大塚　　直（おおつか・ただし）　早稲田大学教授
　マリー・ラムルゥ（Marie Lamoureux）　エクス・マルセイユ大学教授
　大澤　逸平（おおさわ・いっぺい）　専修大学准教授
　サンドリーヌ・マルジャン＝デュボワ（Sandrine Maljean-Dubois）
　　エクス・マルセイユ大学付置国際研究センター主任研究員
　ロラン・ネイレ（Laurent Neyret）
　　ヴェルサイユ＝サンカンタン・アン・イヴリンヌ大学教授
　小野寺倫子（おのでら・みちこ）　秋田大学准教授
　大阪　恵里（おおさか・えり）　　東洋大学教授

（報告掲載順）

※は編著者

環境リスクへの法的対応──日仏の視線の交錯

2017年3月25日　初版第1刷発行

編　者	吉　田　克　己
	マチルド・オートロー＝ブトネ
発行者	阿　部　成　一
発売所	株式会社　成　文　堂

〒162-0041　新宿区早稲田鶴巻町514
電話 03-3203-9201（代表）　Fax 03-3203-9206

印刷　シナノ印刷　　　　　　　　　製本　弘伸製本

★乱丁・落丁はお取りかえいたします★

©2017　Yoshida・Boutonnet

ISBN978-4-7923-2699-9　C3032